装备科技译著出版基金

# 飞行事故率降低99%
## ——美国海军航空兵安全管理50年

GEAR UP, MISHAPS DOWN

THE EVOLUTION OF NAVAL AVIATION SAFETY, 1950-2000

[美] Robert F. Dunn 著

张永强 弓峰 译

国防工业出版社

·北京·

著作权合同登记　图字：01-2022-7035 号

#### 图书在版编目（CIP）数据

飞行事故率降低 99%：美国海军航空兵安全管理 50 年/（美）罗伯特·F. 邓恩（Robert F. Dunn）著；张永强，弓峰译．—北京：国防工业出版社，2023.2（2025.6 重印）
书名原文：Gear up, mishaps down：the evolution of naval aviation safety, 1950—2000
ISBN 978-7-118-12796-6

Ⅰ.①飞⋯　Ⅱ.①罗⋯ ②张⋯ ③弓⋯　Ⅲ.①飞行事故-事故分析-美国　Ⅳ.①V328.2

中国国家版本馆 CIP 数据核字（2023）第 024570 号

Gear up, mishaps down：the evolution of naval aviation safety, 1950—2000 by Robert F. Dunn
978-1-68247-005-3
Reprinted by permission from the Naval Institute Press, Annapolis, Maryland USA
© 2017 by Robert F. Dunn

本书简体中文版由 Naval Institute Press 授权国防工业出版社独家出版。
版权所有，侵权必究。

※

*国防工业出版社* 出版发行
（北京市海淀区紫竹院南路 23 号　邮政编码 100048）
北京虎彩文化传播有限公司印刷
新华书店经售

\*

开本 710×1000　1/16　印张 15¾　字数 208 千字
2025 年 6 月第 1 版第 2 次印刷　印数 1501—2000 册　定价 86.00 元

（本书如有印装错误，我社负责调换）

国防书店：(010)88540777　　书店传真：(010)88540776
发行业务：(010)88540717　　发行传真：(010)88540762

# 译者序

近年来，随着海军航空兵部队使命与任务的变化，特别是在当前大力发展海军航空兵的时代，出现了一些新的问题。其中一个比较尖锐的问题，就是飞行安全与战斗力的权衡问题。

在飞行训练过程中，是要绝对的飞行安全，还是要努力提升战斗力？如果把工作重点放到飞行安全上，那么当开飞条件处于临界值时就会选择不飞，即能不飞就不飞，这样能最大程度确保飞行安全。但这样做，肯定会损失部分飞行训练时间，飞行员的战斗力也会受到一定程度的影响。如果以提升战斗力为主，就会尽最大努力安排飞行训练，当开飞条件处于临界值时也会选择飞行，这样安全隐患势必会增加，飞行安全就会受到一定影响。简单点说，就是如何实现在提升海军航空兵战斗力的同时最大限度地保证安全，实现战斗力提升与飞行安全保障的完美结合。在这一方面，我们是没有经验的。海上恶劣的气象条件，起伏不定、左摇右摆的着陆甲板，高速飞行的舰载机，短至100m左右的起飞与着舰距离，舰岛附近气流的不稳定性，海上的飞行导航、空中集结、战术演练、空中加油、海上搜救、海上反潜等一系列新的作战环境及新的训练与作战任务都是我们所不熟悉的，哪些环节存在安全隐患，如何排除这些隐患也难以入手。

翻译本书就是为了借鉴国外经验。我们遇到的这些问题，美国人在几十年前也遇到过。他们是怎么做的呢？通过阅读本书你会发现，他们并没有被飞机失事吓倒，没有因为存在飞行安全问题就裹足不前。相反，他们克服了早期的悲观情绪，通过一系列努力改变了飞行安全的糟糕状况。1954年美国海军航空兵共发生了2213起重大事故，共造成536人死亡，776架战机损毁，全年事故率达到了平均每2天死亡3个人，平均每天发生超过 2 起重大事故。而到了 2014 年，美国海军航空兵全年仅发生了 20 次重大事故。

原著作者自 20 世纪 50 年代起历任飞行员、中队指挥官、海军安全中心负责人、海军作战副部长等职务，不但对海军航空兵的飞行安全有切身体验，而且掌握着大量美国海军航空兵安全工作的第一手资料，熟悉海军航空兵安全工作的各个方面，对海军航空兵安全的发展脉络有着清晰的认识与超乎常人的理解。原著作者将他毕生的经验都融入了这本书。

在本书翻译过程中，译者非常注意如何将原著作者的意思更好地用中文表达出来，毕竟"信、达、雅"是翻译的基本准则。然而译者发现，即便是照着书上的内容完成了正确的翻译，部分读者仍会在某些章节遇到理解上的困难。如在英文中有一个词组，叫作"what insiders know"，即业内人士或本地人士一听就懂的词或事，类似于我国的成语、歇后语，或是某一专业内的术语。作者用的这些词，美国人一听就懂，而中国人听不懂；或是飞行员能听懂，而机务人员听不懂；又或是熟悉海战历史与海军文化的人懂，而不熟悉的人就听不懂，这些都是很自然的。为了减少读者的阅读障碍，帮助读者更好地理解作者的原意，译者在一些段落的后面增加了一些小知识，帮助理解段落中的一些术语或习惯用语。

最后，衷心感谢在翻译本书过程中给予帮助的各位领导与同事，同时也真诚地希望本书的翻译出版能够为我国海军航空兵的安全工作带来一些帮助。书中介绍的知识在将来如果能为我国拯救一名飞行员、挽救一架飞机、避免一次飞行事故，就说明本书的翻译是有意义的，也就心满意足了。

限于译者知识水平，翻译的内容难免有不妥之处，恳请读者朋友批评指正。

译 者

2022 年 8 月

# 序　言

　　1959 年美国航空母舰 "萨拉托加" 号在地中海巡航期间，我首次亲历了一起飞行重大事故。当时是在夜间的飞行甲板上，我目睹了我们的中队执行官在驾驶战机进场时，因飞行高度太低而撞到了舰艉。接着，飞机猛冲出甲板掉进了海里。没有一点生还的机会。这是一种严酷的提醒，提醒年轻的初级军官们航空母舰飞行所包含的危险性。

　　不幸的是，这样的事故太常见了。1950 年，在海上与海岸共发生了 481 起飞机损毁事故，227 人牺牲。这相当于该年度内有超过 4 个空中联队被消灭。这是海军航空兵发展史上的最低谷。然而，随着付出更多的努力以及工作思路的转变，事情已经好转了。这是已被近些年来令人惊奇的安全表现所证明的。

　　本书作者海军中将邓恩描述了为改善安全性能，数十年来人们所做的努力及改进过程，包括优化飞机采购方法，推动技术革新，以及发展新型座舱资源管理技术。

　　在海军内部，很少有人能与邓恩中将的奉献精神媲美，也很少有人具有像他那样丰富的经历。他漫长的飞行员之旅始于 20 世纪 50 年代，当时所驾战机为道格拉斯 AD 空袭者。之后他在 1988 年停飞，停飞时所驾战机为 F/A-18 战斗机。他曾在南加州大学飞行安全学院研修过；他担任过中队指挥官、舰长，以及海军作战副部长等职。他对海军航空兵安全方面知识的掌握越来越多，并将这些知识运用于实践中。海军航空兵飞行安全正是本书的主题。

　　本书介绍了 20 世纪 50 年代早期海军航空兵那些难以让人接受的事故率，以及这些事故率是如何在 50 多年的时间里逐步降低的，并因此让海军航空兵的事故控制能力达到了当前不亚于甚至优于其他任何一家航空机构的水平。本书对这一历程做了详细的描述。尽管任何事故都是不可接受的，但对于一次事故的发生，以及应采取哪些措施避免此类事故的发生，我们现在有了更好的理解。

通过叙述这些令人印象深刻的成就，本书为海军与海军航空兵的安全发展提供了很多有价值的信息。这既是专业成就的确切证明，也为其他行业未来安全事项的改进提供了一种典范。

大卫·M. 诺斯

海军飞行员

《航空周刊与空间技术》原主编

# 前　言

大半个世纪以来，海军航空兵都位于保卫美国的最前线。在所有的武装力量中，它总是第一个出现在事发现场，并第一个采取行动。这是一支由海军和海军陆战队组成的前沿部署武装集团，他们待命于世界各地的航空母舰、两栖作战部队、其他大小舰船以及空中的陆基巡逻机上，随时准备执行总统的命令，不管是人道主义救援，还是彰显武力存在，甚至是执行战斗任务。

然而，这样强大的作战能力却是以人员与飞机在平时的严重损毁为开端的，这是本书所述故事的一个消极面。在20世纪50年代，海军航空兵的事故率远高于同时期的空军同行，也远高于它本身所应满足的事故界限。而本书所述故事的积极面在于，在20世纪结束之前，这一状况得到了扭转。书中我们描述了这一转变是如何做到的。当前海军航空兵在安全性上至少不输于空军航空兵，比一般航空业要高，甚至接近于商业航空水平，后者是以给定时间周期下发生事故次数作为计量标准的。为了应对世界各地的各类危机，包括中东地区、波斯湾周边地区，以及充满火药味的东北亚地区，还有关系日趋紧张的俄罗斯，海军航空兵需要保持较高的战备完好性。尽管如此，海军航空兵都从未如此安全过。

数字说明一切：从1954年起，就在当局很快要宣称必须持续推进改革工作时，事情有了显著改善。1954年海军航空兵共发生了2213起重大事故，共造成536人死亡，776架战机损毁。到2014年，海军航空兵全年仅发生了20次重大事故。可能有人会说"仍然太多了"，但与60年前相比已是天壤之别！现如今，无论是在飞行安全方面，还是在满足执行各类任务的战备完好性方面，海军航空兵都有着不亚于航空界任何一家同行的水平。下面本书要讲述这些改进措施是如何实现的。这是一个了不起的故事。

# 目 录

| | |
|---|---|
| 第1章　漆黑如午夜 | 1 |
| 第2章　艰难岁月 | 6 |
| 第3章　应对事故 | 21 |
| 第4章　事情开始好转 | 27 |
| 第5章　喷气式战机列装到海军航空兵部队 | 39 |
| 第6章　航空母舰 | 46 |
| 第7章　喷气式战机与航空母舰之外的改善 | 61 |
| 第8章　改良的催化剂 | 66 |
| 第9章　令人惊奇的6年 | 82 |
| 第10章　医生 | 103 |
| 第11章　人为因素之探索 | 126 |
| 第12章　维修保障与物资供给 | 136 |
| 第13章　未获重视 | 157 |
| 第14章　虚拟飞行 | 174 |
| 第15章　进入21世纪 | 190 |
| 第16章　大功告成 | 202 |
| 后记 | 205 |
| 附录1　海军陆战队航空兵 | 207 |
| 附录2　海军安全中心年度重大事故统计表 | 209 |
| 附录3　海军与海军陆战队事故报告分类 | 213 |

| 附录4 | 面向飞行的海军安全中心出版物 | **215** |
| 附录5 | 航空母舰主要变动 | **217** |
| 附录6 | 直通甲板航空母舰典型着舰模式 | **219** |
| 大事年表 | | **221** |
| 术语表 | | **235** |

# 第 1 章

# 漆黑如午夜

海面上的夜晚漆黑一片。阴云遮挡了一切月光与星光，到处都是乌黑一片，看不到地平线。在这片黑暗中唯一能看到的，是在航空母舰桅杆上一对紧挨着的红灯即"艏灯"，以及邻近两艘驱逐舰上的两对艏灯。除此之外，周围漆黑一片。

还有几架战机仍在飞行，现在也已到降落的时间了。航空母舰进行了提速并逐步改为顺风航行，4 组磷光尾迹为飞行员提供了返航航线的提示，按照提示航线战机可降落到飞行甲板上。两艘驱逐舰也调整方位以顺应航空母舰的航向，一艘位于航空母舰横向的 0.5n mile 处，另一艘位于航空母舰后方稍偏右舷处。

一组由 4 架麦克唐纳 F2H-2 女妖战斗机组成的机群出现在空中（见图 1.1），机群低空飞行于航空母舰右舷，与航空母舰航向平行，飞

图 1.1 出现在航空母舰上方的 F2H-2 女妖战斗机

（资料来源：海军历史与遗产司令部）

行高度300ft，飞行速度300n mile/h，制动钩处于打开状态。当飞机超过航空母舰时，机群机长便打开信号灯并急向左转从机群编队中飞出，持续转向直到飞机迎向航空母舰航向，"顺风"驶去。同时，他逐步下降至离水面125ft处，并打开减速板，放下起落架，打开襟翼，将飞行速度降至125n mile/h。另外3架战机也紧随其后顺次完成相同动作。

当第4架飞机处于航空母舰横向时，飞行员缓慢下降，并做出180°左转至距水面90ft处，此时转向已超过90°。与此同时，飞行员计算出相对于自身重量的最佳降落速度，并将飞机减速至该飞行速度（大约105n mile/h）。飞行员继续转向至与航空母舰同航向，并稍微放慢了下降速度，直至他看到飞机着舰信号指挥官（LSO）身上的引导光（见图1.2）。同时，飞行员看到了着陆区中心线灯以及标识着陆区边缘的信号灯。除此之外，航空母舰上漆黑一片。

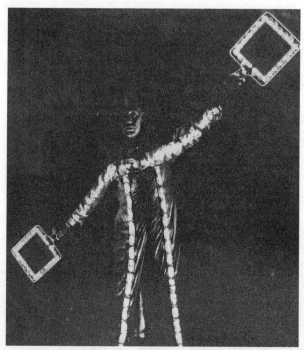

图1.2　夜航中的LSO

（资料来源：海军历史与遗产司令部）

飞行员战友们在舰岛上列队，飞行甲板上的工作人员注视着飞机的下降、转弯，以及飞机与飞行甲板平行的整个过程。看上去，飞机进场的过程很平稳。突然，LSO激动地对着无线电大呼："加速！加速！！加速！！！"。进场的飞机超过了正常范围区域。尽管身处黑夜，却依稀可见飞机的机头正在抬高，飞机尾灯正在下降，飞机在滑道上下沉。这时无线电上喊道："复飞！复飞！！复飞！！！"，紧接着是一道闪光，一束爆发的光，飞行甲板上呼啸着坠机警报以及来自舰船广播系统的呼叫："飞行甲板失火！飞行甲板失火！"。失事的女妖战机撞到了舰艇飞行甲板圆形末端的停机区。飞行员没有被弹出，也未能打开降落伞逃生，机身解体并发生了爆炸。部分机体掉落到了海里，其余机体带着滚滚火球在甲板上四处滑动，沿途打死打伤多名工作人员，直至碰到前方停泊的飞机才停下来（见图1.3）。

一名富有经验的飞行员牺牲了，烈士所在的家庭与所工作的中队陷入了绝望。一名同机战友也牺牲了，另外还损失了一架战机。所有这些损失都被统计到了20世纪50年代海军航空兵的安全记录中。关于这一时期的飞行安全记录是相当触目惊心的。

并非只有在航空母舰上才会发生飞行事故，也并非所有事故都发生在晚上。在海军航空训练司令部（Naval Air Training Command），飞机在半空中相撞、飞机旋转坠地也是司空见惯的。巡逻中队发生了多次飞机坠海事故。多型挂载武器的飞机因投弹时的飞行高度过低而导致所投炮弹误伤自己，更有甚者会直接撞向地面。运输机也发生了多起飞行事故。在1953年7月份，一架双引擎的R4Q运输机在从佛罗里达州西北部的怀特菲尔德（Whiting Field）机场起飞时坠毁，导致45人死亡。1954年是海军飞行中最差的年份之一，该年度共有536人死于飞行事故，776架飞机损毁。全年事故率达到了平均每2天死亡3个人，平均每天发生超过2起重大事故。高层领导对如何降低安全事故一筹莫展。这段时期中，舰队航空司令之间的个人通信中经常充斥着"坠毁"的字眼，但对于如何应对却难以给出新的解决方案。在一名司令官的个人

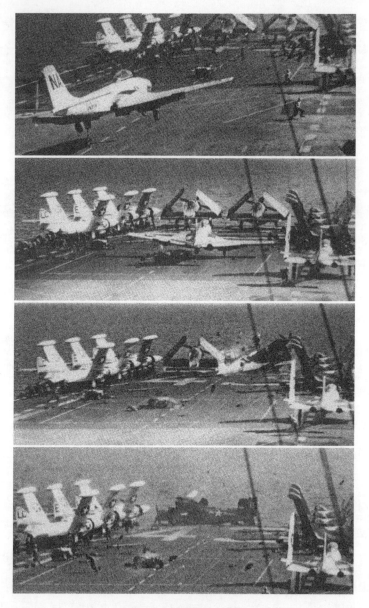

图1.3 坠毁于甲板

(资料来源:海军历史与遗产司令部)

信件中表达出了当时可能普遍存在的一种悲观情绪:"我们从未停止过发生飞行安全事故,我担心事故会一直这样跟随着我们。我们一直在摔毁飞机。"

幸运的是，许多专家拒绝接受"事故会一直跟随着我们"的态度，他们寻找解决方法去保护生命、保护财产，提高装备的战备完好性。通过多年的共同努力，我们发现在 2011 年度的前 3 个月里，海军或海军陆战队的整体事故率低于每 10 万飞行小时 1 次事故。最近，F/A-18 大黄蜂战机，也是海军与海军陆战队需求量最大的战机之一，在整个 2013 财年中没有发生一起重大事故，这是一项了不起的成就。更让人惊奇的是，当前海军安全中心的主要精力已不再是飞行安全（尽管关于安全预防与分析的项目仍十分活跃），而是机动车事故。

本书将展现这一成就是如何实现的。

# 第 2 章

# 艰难岁月

快速增长的事故率

海军航空兵历史上的首次致命事故发生在1913年6月20日，事故地点位于美国马里兰州首府安纳波利斯附近。雷暴天气扰乱了由约翰·托尔中尉和威廉·比林斯利少尉所驾驶飞机的正常飞行，比林斯利少尉被抛出飞机并坠地而死。在此之后还发生了多起其他飞行事故，并非所有事故都是致命的，但所有的事故都写满了以生命、飞机和名誉为代价所换来的惨痛教训。在航空史的早期阶段，并不仅有海军航空被认为是一项危险的甚至是一项铤而走险的事业。在2014年的一份未公开出版的论文中，加州大学圣地亚哥分校的罗杰·博思教授将这段年份称为"英雄的时代"。尽管总的飞行时间偏低，但在1913年—1917年间仍有19名飞行员与机组人员死于海军航空飞行事故。从那时起，由于第一次世界大战（简称"一战"）中使用了海军航空兵，所以飞行时间与死亡率也随之提高了。仅在1918年一年之内，就记录了19起飞行死亡事故，其中仅有4起源自飞行战斗任务。

一战后，飞行事故率（含死亡事故）与飞行小时数紧密相关。尽管训练时的事故率要略高于在舰队服役期间的事故率，但事故的发生似乎与飞机的类型无关，这些飞机可能是航空母舰舰载机、其他舰艇上的飞机、水上飞机，或是岸基飞机。在不良天气下飞行，不管是故意而为，还是无意中偶然遇上的，都是导致事故发生的一个直接因素。

在第二次世界大战（简称"二战"）之前，所有事关人员伤亡、财物损伤以及飞机损毁的已发事故都由一个调查委员会负责调查。该委员会的成员通常由海军司令部或事故发生地所在海军军区的高级人员组成。除此之外，事故的调查都是非正式的。对于调查委员会管辖之外的事故，单位主管可能会要求提交一份书面报告，但也可能就连这样的基本要求都没有。绝大多数的事实认定都仅限于如何避免同样的错误再次发生，或是如何使某一组件更可靠、更安全。例如，在比林斯利少尉的事故发生后推出了安全带，而夜间飞行与恶劣天气飞行所致事故的教训促进了飞行仪表装置的发展。另外，机务工程师和飞行航空军医经常参与事故调查，他们对于飞行环境对人的影响以及对于安全设备的迫切需求贡献了很多经验知识。尽管这些方法在具体应用中缺乏科学性与完整性，但已经是在往好的方向前进了。与此同时，位于费城的海军航空局（BuAer）与海军飞机制造处（NAF）也开始尝试从这些事故中吸取教训。因此，海军航空兵与其他航空兵一起，逐步迈入博思教授所谓的"规则与仪表"时代。

在推动飞行安全发展方面，下列措施都起到了重要作用，如在飞行员选拔与飞机系统改进过程中有越来越多的航空军医参与，天气预报的准确性越来越高，在飞行教学训练中使用飞行模拟器（如林克教练机），各飞行训练学校的标准化建设，以及其他方面的改进措施。然而，二战期间的飞行安全记录很难称得上是优秀。在1942—1945年这4年间，因非战斗因素导致的损伤数据为：8836人死亡，25678起重大事故。

尽管和平时期对于军费开支的考量较低，但对于急剧增长的生命成本与安全损失方面的开支却大到了领导层不能、也不会忽视的地步。海军领导层加大了对飞行安全教育的关注程度，更重要的是，海军"系统"中具有决策权的高层机构做出反应了。在1943年8月，海军航空兵中级训练司令指示，在每个训练中心都要建立一个由他领导的飞行安全委员会。几个月后，海军作战部长（CNO）采用了这一想法，并对所有下层作战司令部下达了类似指令。接下来，在1944年早些时候，负责空战的海军作战部副部长（DCNO（Air））与海军航空局联合宣称，他们将发布关于海军飞行安全操作方面具有连续编号的公告。这些公告后来被证明是当前海军安全中心的出版物 Approach 的前身。同年 6 月，DCNO（Air）指示在所有下属司令部建立飞行安全委员会，并为每个飞行中队都指派一名飞行安全指挥官。事实上，大部分航空司令部都建立了安全委员会，但所任命的飞行安全指挥官大多数是由作战部的有关人员兼职的，实际作用发挥并不明显。最后在 1944 年 7 月，五角大楼的 DCNO（Air）办公室组建了飞行安全科，其职责是负责对飞行安全项目进行指导与监督。

> **小知识**：美国海军没有类似于海军司令员一类的职位，美国海军的最高军事首长就是 CNO，即海军作战部长。同样的，美国陆军、空军的最高首长均是参谋长。与我国宋朝类似，美国奉行以文制武的基本国策，武官仅负责作战，武官的任命与调职调衔都由部队文职人员掌控。由各军种最高首长组成的参谋长联席会议并不具有决策权，且无权指挥军队，最终决策权在总统与国防部长手里。各军种总部是本军种的最高行政领导机关，各军种的部长均由文职人员担任，文职人员实际上控制了军权。

当上级领导机关对安全项目进行设计与发布之时，其他部门与舰队上的工作人员也在设计着他们的项目。首先被广为人知的便是漫画家群体，他们设计了"呆伯特（Dilbert）"（见图 2.1）（以及他的同事机械师思伯伊乐（Spoiler）），"老爷子佩蒂伯恩"（Grampaw Pettibone）（见图 2.2），以及"阿尼鼠"（Anymouse）（见图 2.3）。这些卡通形象一直到今天仍陪伴着我们。

> "呆伯特"由亚瑟·道尔上校与鲍勃·奥斯本中尉于 1942 年早期共同创作。道尔上校了解到，英国皇家空军使用卡通精灵来训练他们的飞行员与机械师，并见证了这些飞行员与机械师在培训后变得更加具有安全意识了。呆伯特是一个肥胖、沉默且快乐的飞行员，思伯伊乐是他的机械师。人们将二人的形象描绘在海报与传单上，并张贴于飞行准备室和

飞机修理库，通过这两位卡通人物传达一些禁止事项的简明信息。这种形式看似漫不经心，实则直击问题要害。直到今天，那些20世纪40至50年代的飞行员们仍清晰地记着"呆伯特的教训"。与呆伯特紧密相关的机械师思伯伊乐的海报也取得了同样的效果。

图2.1 "呆伯特"卡通漫画

(资料来源：海军航空博物馆图书馆)

"老爷子佩蒂伯恩"由斯宾塞·塞斯·沃纳中尉创作。作者沃纳中尉是一名海军飞行员，曾担任海军航空局训练处安全顾问办公室的主管。他的创作思路是设计一名卡通角色，通过这名角色来传授关于飞行的知识，以此来推动飞行安全。在1943年1月，他与鲍勃·奥斯本，也是"呆伯特"的创作者之一，一起在《海军航空局时事通讯》（后更名为《海军航空兵新闻》）上开辟了一个名为"老爹"的专栏。在对某项事故进行一番描述后，老爷子佩蒂伯恩责备年轻飞行员犯了愚蠢的错误。这一创作从一开始便大获成功，飞行员们从事故中吸取了教训，并听从"老爷子"的建议开始认真检查列表，系好安全带，以及做其他类型的安全措施。直到今天，"老爷子"和他的金玉良言仍是《海军航空兵新闻》上最受欢迎的专栏之一。

> **小知识**：美国文化中经常称呼一些资历老、岁数大、在某领域经验丰富且对人友好的老年男子为老爹。

图 2.2 "老爷子佩蒂伯恩"卡通漫画

（资料来源：海军航空兵新闻）

"阿尼鼠"由格威·霍尔中尉于 1945 年创作并面向海军航空兵推出。霍尔中尉是 VR-31 中队的安全指挥官。他开创了一种模式，即鼓励中队的职工、飞行员与维修队等相关人员以无记名方式填写一种表格，以表格形式填报未遂事故、已发事故、人员过失，甚至是一些关于内部人员或其他单位的小道传言。以这种不记名、不追责的方式，飞行员与机组人员能够从其他同事那里掌握很多有价值的信息。这一方案大获成功。从 1953 年《海军航空兵安全中心》报道阿尼鼠开始，大量关于它的案例被 *Approach* 出版，并提供给所有海军航空兵阅读学习。

从那时起，"阿尼鼠"这一形象便被美国空军与十多家国外空军及民航公司所采用。

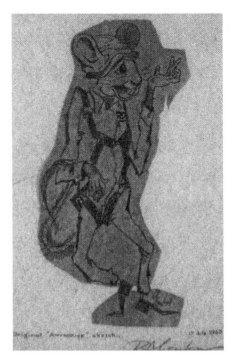

图 2.3 "阿尼鼠"卡通漫画

(资料来源：海军安全中心期刊 *Approach*)

系列宣传册 *Sense* 对这些卡通形象做了补充与扩展，诙谐幽默的图文中包含了许多重要信息，例如武器使用、目标识别、水上迫降、阿留申群岛的气候、降落伞的操作与求生、对于类似未获许可下的低空飞行与穿越云层等情况的警告。后一类警告中最喜欢用的漫画体裁是，漫画的中心有 2 只住在山顶上的秃鹰，鹰巢之下是云层环绕的高山，呆伯特正驾驶他的飞机打算从云层下端穿云而上，而这 2 只秃鹰正注视着他的飞机，并自语道："目视飞行计划为我们送热午餐来了。"当看到这样的海报后，再有飞行员在没有得到飞行计划许可的情况下打算穿越云层前，都会三思而后行的。系列宣传册 *Sense* 从 1943 年开始发行，一直到 70 年代才停刊，该宣传册共涉及 100 多种不同的主题，向读者介绍了许多安全规则常识，更新后还包含了诸如喷气式飞机这样的主题。这些印有卡通形象的宣传册与海报是自由分发的，所有航空舰艇、飞行中队、岸基台站都收到了这些宣传册和海报。自二战至 20 世纪 50 年代，许多宝贵的经验就这样出现在了机库与舰艇上。除了报告与出版物，电影也成了飞行训练的重要培训材料，同时在飞行准备室也播放一些影视资料。尽管有这么多的努力，但二战结束前，失事率一直居高不下。

二战结束后不到 5 年，美国便开始了大规模的军人复员与大量削减军费工作，海军与海军陆战队一下子处于风雨飘摇之中。新组建的美国空军领导层一时主导了主流观点，该观点认为世界上不会再发生常规战争了。美国空军将利用载有核弹头的陆基洲际导弹承担起保卫和平的责任，在此庇护下空军将合并其他军种的各类飞机。参谋长联席会议主席宣称，海军陆战队是多余的，将来永远不会再有两栖攻击了。海军部门的预算也不容乐观，"海军上将们的反叛"在短期内很难扭转这一局面。国防部长路易斯·约翰逊也仅是勉强同意将 2 艘航空母舰部署在地中海，将一艘航空母舰部署在西太平洋。最后一击发生于 1949 年，该年度他在没有任何事先警告的情况下，取消了"美国"号航空母舰的建造。该舰是首艘真正意义上的战后级航空母舰，海军一直致力于通过该舰提升海军作战能力，并加强海军航空兵的安全建设工作。

> **小知识**：冷战时期美国军内发生了"海军上将们的反叛"事件，一批已退役与在役的海军将官们公开反对总统杜鲁门与国防部长约翰逊关于由空军主导的战略核弹是保卫美国利益的主要手段的主张。"美国"号航空母舰在龙骨已经铺设完毕的情况下被下令取消建造，直接导致了这次事件的发生。这次事件的背景是二战后美国海军与空军的主导权之争、军费之争。军种之争在历史上并不鲜见，如清朝末年李鸿章的海防与左宗棠的陆防之争，二战期间日本海军南进与陆军北进之争。

与此同时，海军舰艇与舰上工作人员也备受打击，战力等级降至新低。海军从二战结束时的 20 艘大型航空母舰缩减为只剩 4 艘，轻量级航空母舰（CVL）从 8 艘减为 4 艘，护航航空母舰（CVE）从 70 艘减为 4 艘。航空站被关闭，飞行小时数被削减，征募人员数额也受到了严格限制。1945年时共有49380名海军飞行员和10229名海军陆战队员，而到1950年只剩下9481名海军飞行员和1922名海军陆战队员。更加糟糕的是，安全事故一直在以惊人的速率减少现役飞行员与飞机的数量。在二战后的前4年，即1946—1949年间，超过7000架海军与海军陆战队的飞机因事故损毁，共造成几乎1000名人员死亡。士气一蹶不振，以今天的标准来看，这些记录是相当惊人的。在1953年的评估报告中，海军航空安全活动处声称平均每天发生25起飞行事故。在1954年3月，大西洋舰队航空司令认为应当写信给地中海舰队航空司令，表达对舰队航空支援第77中队在6个月内发生4次事故表示不满。

面对严峻的形势与居高不下的事故率，海军与海军陆战队的领导层们忍辱负重，开始寻找补救措施减少事故率。他们将未来的发展重心放到了海军航空兵身上，并坚信海军在任何类型的战争中都有用武之地，特别是核战争，未来将严重依赖舰载核弹的投射能力。因此，应发展能够从舰上起飞的飞机，使其足够大以便能够运载核武器。在那个年代核武器的体型是相当大的。与此同时，海军高层断言，常规战争并未过时，海军航空兵的未来在于大力发展并获取具有舰上起飞能力的喷气式战斗机、攻击机、反潜机，以及能够长距离、高耐久航程的陆基巡逻机与运输机。尽管直升机是一种新事物，且难以驾驭，可靠性也不稳定，但将来直升机融合到舰队作战体系却是势在必行的。同时应大力发展的方面还包括夜间及恶劣天气下的飞行作战能力。因此，在20世纪50年代初期，所有海军飞行员都掌握了飞行仪表①的使用，且在几年后，海上夜间飞行也已普及开来。

所有这些努力并未减少居高不下的海军航空兵事故次数，也未降低可怕的人员伤亡与飞机失事数字。在1950年共计有227人牺牲，481架飞机失事。随着喷气式飞机开始取代二战中大量使用的螺旋桨式飞机，同时由于海军航空兵开始在朝鲜战争中升空作战，事故率变得更糟了。

---

① 飞行仪表是夜间飞行与不良天气下飞行时飞行员依靠的主要手段。

1950年6月，朝鲜战争爆发，引爆了地区冲突热点。韩国军队与少量来自日本基地的美国占领军无法遏制形势。考虑到距离因素，自日本起飞的美军空中支援力量十分微弱，而此时唯一一支部署在西太平洋地区的"佛吉山谷"号航空母舰快速赶到了战场，并对饱受打击的盟军地面部队第一次提供实质性的战术空中支援（见图2.4与图2.5）。英国皇家海军舰艇"凯旋"号也很快加入其中。在很长一段时间内，这成了美国在该地区唯一一支可恃的空中支援力量。

图2.4　朝鲜战争中美军的低空支援（航拍图）
（资料来源：海军历史与遗产司令部）

朝鲜战争的突然爆发促进了海军部门预算的快速增长，已封存的战舰与战机被快速重新编入现役，人员方面提高了招募配额，并召回了数以千计的退伍军人，他们中的很多人被分配到了航空作战岗位。在基于直通式飞行甲板上，且使用为螺旋桨飞机而开发的操作规程，相对年轻

图 2.5　朝鲜战争中美军的低空支援
(资料来源：海军历史与遗产司令部)

且缺乏经验的飞行员在经过最低小时数的喷气式飞机训练后，就被急切地推到了喷气式战机上升空作战。海军航空兵预备役训练主席报告称，在所有来此报到且将要被分配至舰队飞行中队的飞行员之中，有38%的人员自1945年或1946年起就未再飞行。维修人员的状况也好不到哪里去，他们在学习了刚刚印刷完毕的维修手册或维修传单后，便投入到了喷气式飞机的维修保障作业中。这样看来，朝鲜战争中海军与海军陆战队的飞行事故率飙升且有近2000人死于非战斗事故，就一点也不奇怪了。

当远东地区的军人以及正接受战斗训练准备前往该区域的军人尽最大努力发挥他们的自身经验及现有装备的效用时，整个岸基海军航空兵部队也在奋力支援一线战斗部队。该机构始建于二战期间，战后曾一度被快速遣散复员，机构的运作经费也被大幅削减，现在该机构正在从这一处境中恢复过来。军队物资采购、后勤供应、装备维修、人员管理、部队训练以及安全等一系列问题全都成为海军作战部长办公室、海军航空局、舰队司令（大西洋与太平洋舰队航空司令）及其他与舰队紧密相关人员的主要职责范围。这存在职责权限过宽的问题——正如以后所证明的那样，这不是个小问题。

在150多年的发展历史中，海军形成了所谓的"执行者即领导"哲学，即海军上级指挥官在很大程度上被分权了，决策权被交由身处现场的下级指挥官做出。他们被教导要主动积极且独立地执行权职。在美国海军与海军陆战队的历史中以上做法表现在很多方面，海军航空兵也不例外。事实上，在海军航空兵内部，这更像是一个规则而不是例外。这种行政作风使得美国海军航空兵取得了首屈一指的空战飞行员好名声，但也导致了不容乐观的事故记录。

而此时，空军的飞行事故率越来越明显的低于同时期海军与海军陆战队的事故率（参见第3章）。一些人认为原因可能在于一项广为流传、但真实性尚不确定的内部格言："在空军，除特别允许外，禁止你做任何事。而在我们海军，除了明令禁止的事项外，你可以做任何事。"因此，在这个标准化尚未普及的时代，飞机驾驶员设置了具有现场决策权的事件优先级，并以"自己认为正确的方式"去处理事务。这导致了糟糕的事故率。

这种以"自己认为正确的方式"或"捷径"来处理问题的态度造成了很高的事故率，而人事政策进一步恶化了这一状况。1957年，在海军的人事调动工作由海军人事局（BuPers）负责之前，选派飞行员这样的权利由DCNO（Air）办公室的参谋们负责。在实际运行中，初级军官及新入伍人员的分配由舰队司令即大西洋舰队航空司令与太平洋舰队航空司令决定，但仍存在徇私偏袒的空间，特别是那些由海军作战部长办公室的参谋们所任命的具有指挥权的军官更是如此。不管被任命的军官是否掌握了飞行技术或是否具备领导能力，太多的人因与要害部门的领导关系密切而走上了指挥岗位。尽管其中也有一些出色的指挥官，但不合格的人员安排已多到足够影响事故率了。这方面的事例很多，如一名指挥官将4架黑豹舰载机引导撞山就是1例，此次事故共造成4名飞行员死亡，4 架飞机坠毁；再如另一名指挥官在试图引导一个由 12 架飞机组成的编队时在旧金山湾发生连续追尾，此次事故中飞机解体，碎片散落在旧金山湾的上空，所幸没有人受到伤害，这简直是个奇迹。不幸的是，尽管这类低水平的中队指挥官充斥于飞行指挥队伍中，且飞行员们（以及其他人）目睹了他们的拙劣指挥，但从事故发生之日起，此类问题仍长期存在。如果没有一套有效的安全规程，情况只能越来越糟。

> **小知识**：黑豹舰载机是美国格鲁曼公司生产的第一款喷气式战机，曾是美国海军主力舰载机之一，广泛应用于朝鲜战争。

在 20 世纪 50 年代早期以前，海军航空兵只有一套最低限度的安全规程。中队安全指挥官还只是由其他部门的相关人员兼任的。安全简报上介绍的是大量近期事故的回顾以及飞行安全的警示。飞行操作仅在中队内部标准化，在航空集团内部可能很少。当中队指挥官或作战指挥官易主后，通常情况下标准操作规程也随之改变。在中队一级上，领导层的专业化水平并不受重视。新飞机的检测也存在问题。例如，下面这些话引自 1948 年时期的一些手册："训练就是看看手册，检查驾驶舱，然后离开"；或者是"这是低压燃油开关，这是高压燃油开关，飞行真的很容易"；又或是"检测就是阅读手册和观看视频"。军中存在的普遍观点是，海军航空兵的任务是完成上级交给的任务，而不是保证安全。由于一些飞行任务非常危险，很多飞行员在实际任务中又撇开了安全考虑，因此这些飞行员往往都直面着所有风险。

事故调查停留在初级水平上，将已发事故与未遂事故总结的教训编辑成规章制度这样重要的工作也以应付的态度去处理。所记录的数据大部分是关于飞行员事故次数方面的。事故原因也不全都明确，当找不到原因时，最经常的说辞便是"飞行员操作失误"。

以今天的标准来看，维修保障与物资供给也停留在初级水平上，日常工作建立于二战时期那种简单粗放型的经验基础之上。在自动化时代之前，几乎所有的事项都集中记录在维修人员的"随身手册"上。最常用的备件放在巡检箱中随时取用，没有的备件直接向同事借一个就可以了。

> 所谓"随身手册"是一种体积较小的笔记本，通常带有绿皮，能够塞进维修人员的后裤兜里。维修人员会将他们认为有价值的关于中队飞机技术状态与维修方面的信息记录在这个小本子上。已退休的美国海军上校罗萨里奥这样描述"随身手册"：
>
> 在VA-85中队有一名叫克鲁普斯基的上士，他胸肌宽广、勾腰驼背、肌肉发达，有着异乎寻常的精力与奉献精神。在他的裤兜里放有一本破损不堪的绿皮本。由于他的职责范围涉及飞行甲板、机库甲板、突发空情快速处置室，所以他整天都在频繁地翻阅这个绿皮本。如果哪天他发生了什么事，或是他的绿皮本丢了，那我们的麻烦可就大了。谢天谢地，他从未丢过。

> **小知识**：之前的VR-31与本段的VA-85都是美国海军飞行中队的编号，其中前面的字母代表该中队的性质。为方便读者，这里列出常用的飞行中队编号及其含义：HC—战斗支援直升机中队；HCS—特战支援直升机中队；HM—扫雷直升机中队；HS—反潜直升机中队；HSL—轻型反潜直升机中队；HT—直升机训练中队；VAQ—电子战中队；VAW—航空母舰预警机中队；VC—混合中队；VF—战斗机中队；VFA—战斗攻击机中队；VA—攻击机中队；VFC—战斗机混合中队；VP—侦察巡逻中队；VPU—特别侦察巡逻中队；VQ—舰队侦察中队；VR—舰队后勤支援中队；VRC—舰队后勤支援混合中队；VS—海面管制中心；VT—训练中队；VX—测试及评估中队。

> **小知识**：突发空情快速处置室，又叫5min准备室，英文名称Ready Five，是指航空母舰飞行甲板上具有较高警惕性的飞机机组人员，他们时刻准备着在5min以内起飞，所乘飞机挂载着武器停泊于蒸汽弹射器上，所有油箱都被加满，随时准备应对任何可能对航空母舰造成打击的突发事件。

飞机的设计与测试也应对50年代居高不下的事故率负一定责任。为应对并击败苏联威胁而制造的新型飞机经常在未经适当设计与严格测试的情况下便交付舰队使用。这样的案例大量存在，但最负恶名的恐怕还得数F7U弯刀舰载战斗机。这种超越时代的战斗机有双加力式发动机和3套液压系统。在1956年，分配上舰的某个弯刀舰载机中队共有12架飞机，只有2架平安无事，其余10架全部坠毁，并有5名飞行员随之丧生。比这更差的记录由AF守护者反潜机创造。这种由螺旋桨驱动的飞机，在某次执行巡航任务时，中队的22架飞机全部损毁。

必须采取改革措施了。随着这样的想法渐渐成为共识，事情开始逐步往好的方向发展。海军航空兵关于事故率的计算方式为每10万飞行小时内发生重大飞行事故的次数。在1951年与1952年这一数值短暂升高后，事故率就开始从一个较高的水平下降至当前很少发生事故的水平。这些年来人们的工作态度、方针政策与规章制度都得到了改变；办事机构更加高效；装备也得到了改善，其保障性也更好了；对训练工作变得更加重视；领导层也发挥出了积极的正面效应。

当前，不仅在各中队有安全指挥官，在各舰载机联队、海军机场、航空舰船上也都有安全指挥官。事实上，几乎所有的安全指挥官都在海军航空安全学院完成了相关课程的研习。通过海军航空训练与作战规程标准化项目（Naval Air Training and Operating Procedures Standardization，NATOPS）对训练与作战进行了标准化工作（参见第9章）。每一名到舰队报到的机务人员与维修人员，都必须在补充人员培训班接受严格的训练。飞行指挥官由一个专门的委员会选取，组成该委员会的高级军官数量比以前要多，且该委员会是由海军人事局主办的。一旦被委员会选取批准，被选取的军官要先在某个中队担任执行官，然后才能担任指挥官。每一件已发事故与未遂事故都由经过专门训练的调查员展开调查。鼓励所有航空从业人员报告问题，当然如果愿意的话可以选择匿名汇报。

当前人们已对下面的观点达成普遍共识，即将事故简单的归结为

"飞行员操作失误"这样的处理方法，对于阻止类似事故的再次发生不会有任何帮助，对任何人以及整体体系也不会带来任何帮助。必须要搞清楚事故是如何发生的，以及为什么会发生这样的事故。人员因素（参见第10、11章）曾经是航空军医的专属领域，现在也放到通报会与调查会上处理。在维修保障与物资供给工作中抛弃了原始的"随身手册"式的技术手册管理形式，也不再单独设立一个大型独立军种管理物资供给系统，而是转向了计算机辅助式的综合服务队。这个服务队由专门的供给与维修专家组成，面向部队提供最好的保障水平与最佳的安全状态。质量保障（QA）曾经是维修人员的专属领域，现在交由安全指挥官负责。舰上与岸上还有很多针对飞机与设施设备的技术改进措施。航空军医被分配至基层飞行中队，由于他们是医务与飞行两种专业的专家，因此他们为安全保障做出了很大贡献。机组资源管理（CRM）与作战风险管理（ORM）以及文化氛围营造的概念也被引进使用（参见第15章）。从此，海军航空兵的安全性有了戏剧性的改善，本书后面的章节会详细描述这些改善之处。更重要的是，在持续改进海军航空飞行安全的整体工作中，人们没有一丝一毫地松懈。

> **小知识**：当前飞机技术手册的管理形式为 IETM，即交互式电子技术手册，相关内容可查阅由徐宗昌教授编辑出版的系列图书。

# 第 3 章

# 应对事故

美国航空界的做法与成绩

20世纪50年代时,并非只有海军航空兵面临着新的挑战,商业及通用航空界、美国空军以及国外航空界也都面临着类似的挑战。向喷气式飞机转变,飞机的改进,发动机与系统设计,飞机仪表化,以及寻求提高飞机可靠性等问题在二战后的航空界是比较普遍的。对于如何在夜间飞行、全天候飞行,以及在遵循各个空中监管部门的规定下实现安全有效飞行也是一类常见需求。尽管海军与空军的高层在政治上不太融洽,但海军航空局与空军航空发展中心还是展开了广泛的合作。另外,与民航之间也有广泛合作,这样已取得的经验教训可以得到快速分享。尽管有一些供应商只面向唯一大型客户服务,但也可以从其他供应商那里吸取到所有教训。由于服务领域与商业领域之间的基本需求差异很小,因此这些经验教训都非常有用。所有人都在同一空域飞行,并遵循着相同的空中交通管制规则与章程。所有人都要依靠可靠的操纵装置、发动机与飞行仪表实现安全飞行,在夜间飞行与云层飞行时更是如此。这些客观条件与需求倾向于在设备与操作业务方面构建出共性的产物(事故率),因此各单位的事故历程非常相似,他们历年的事故率曲线也有着类似的形状,如图3.1、图3.2所示。

应注意到,海军、海军陆战队、空军以及通用航空的事故率是以每10万小时为单位统计的,而规定了商用航空的有关法律法规的美国联

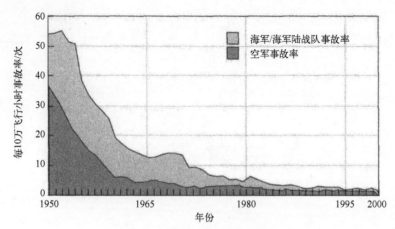

图 3.1 海军与空军的事故率

（资料来源：海军安全中心与空军安全中心）

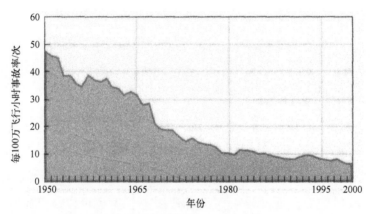

图 3.2 FAA Part 121 事故率

（资料来源：联邦航空局（FAA））

邦法规第 14 章第 121 部分（即商用 Part 121）则是以每 100 万小时为单位计算的。然而，在所调查的年份中，这两者的事故曲线在改进形状上却有着相似性，这是值得注意的。这种相似性反映出海军、海军陆战队、空军、通用航空与商用航空在训练、操作规程及装备等方面存在很多共同的改进。对此，下面各章节将逐项展开讨论。

当然也存在着国际合作。即使是在二战之前，欧洲与美国的民航公司也早已展开了合作，以寻求解决一些共有的问题，例如夜间导航问题，能见度减弱时飞机的起飞与着陆问题等。二战后，特别是随着定期跨洋业务出现之后，解决这些问题对于民航来说就变得势在必行了。因此，许多发明创新，如甚高频全向信标（VOR）、测距仪（DME）以及其他导航设备开始应用于民航领域，类似装备在多年以后才被应用到大多数的军用飞机上。

类似地，为满足商业航空的需求，人们也开发了全新的、可靠性更高的航空仪表设备。电子全姿态指示器、水平位置指示器、仪表着陆系统以及很多其他设备都在商业飞机上得到应用。机载雷达是为满足战争需求而开发的，但很快就被证明对于商业飞行安全也很有必要。特别地，该项技术被证明对于长距离的飞行导航与仪表条件下的进场是极其重要的。由于早期飞机对机上设备的重量限制，为避免机载雷达超重引起飞行事故，雷达首先应用于多发动机的飞机上。有时在地面控制条件不足时，雷达甚至在能见度不良时帮助飞机着陆。这可以说是地面控制进场（GCA）与航空母舰控制进场（CCA）的先驱了。这些设备与系统对于20世纪50年代安全状况的普遍改善贡献极大。

尽管存在业务上的合作，但这并不是说在航空界的几大机构之间就完全没有了竞争。他们之间的竞争倾向于光明正大地出现在国会上，在五角大楼中，以及在媒体舆论上，所争论的问题大多是谁的作用更大，谁承担的任务更多，以及谁应得到更多的财政预算支持。而对于舰队飞行中队、空军飞行中队以及商业航空公司的机组人员来说，则是另一番场景。对身处一线的他们而言，如何在尽可能安全的条件下最好的完成任务才是应当首要考虑的事，互相之间多了解、多沟通才能有助于安全飞行。

20世纪50年代的大多数商业飞行员都出身于空军、海军或海军陆战队。也有一些交换项目使得空军飞行员到海军飞行中队代职，反之亦然。海军飞行员可进入位于加州爱德华空军基地的美国空军试飞员学院，空军飞行员也可进入位于马里兰州帕塔克森特河边上的海军试飞员学院。尽管二者在观念与业务上的差别依然存在，但这种交换还是带来了双方间更好的相互理解。这可能也是为什么海军、空军的事故曲线在规模不同的条件下仍然在形状上如此相像的首要原因。

最后,在整个航空界还存在一种特殊的拓展交流方式,即参与经常举办的飞行安全基金会会议与研讨会,以及与诸如美国国家航空咨询委员会(NACA)和国家运输安全委员会(NTSB)等机构保持密切的沟通与交流。

因此,海军、空军与民航等不同部门的事故曲线具有相似形状这一点,反映出整个美国航空界都取得了进步。将海军航空兵与其他航空力量区分开来的那些因素,大多植根于制度文化差异与海上作战的特殊环境。海上作战是海军与海军陆战队以及海岸警卫队的专属领域。然而由于这些年来改进措施得当,现如今不论是制度文化还是海上作战因素,都不再对日趋下降的飞行事故曲线产生重要影响了——这是一项了不起的成就。

尽管以上这些理由能够很好地解释为何图3.1、图3.2中的数据会有这样的相似性,但仍需要对海军航空兵的相关数据做详细叙述,该兵种在1950年的事故率非常高。具体情况参考图3.3,由海军安全中心负责对该图进行经常性地更新与出版。

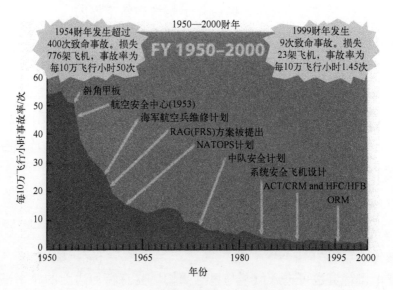

图3.3 海军航空兵A类事故率

(资料来源:海军安全中心)

正如我们在后续章节中所读到的那样，图3.3只是本书主题的一个总结，其本身很容易引发误导。尽管图中曲线是基于真实的事故数据所绘，本身十分精确，但图中的几处注释却存在错误或是错位，一些重要的事件与改进也被省略了。例如，根据图3.3中注释读者可能推论出，航空母舰上斜角甲板的出现导致了事故率长期稳定地下降。这样的结论忽略了一个事实，即斜角甲板（与蒸汽弹射器）后面的驱动力并不安全，它是人们所研发的一种用于新型喷气式舰载机、具有核弹投放能力的重型轰炸机以及使得所有机型都能在航空母舰上高效起飞的一种替代手段。安全性是这种起飞手段的副产品。同时，并非所有航空母舰都同步改装成了斜角甲板，而且在未上航空母舰之前，飞机的飞行时间与事故次数就已经被累积了很大一部分比例。另外在乍看之下，诸如领导层的改进，海军安全中心的出现，飞行安全学院的建立，维修保障与物资供给水平的提高，在飞机、发动机与航空电子设备方面的发展以及航空医学社区的正面影响等事项对事故率下降的影响也被漏掉了。后面的章节将会对这些方面的影响展开讨论。

另外，通过图3.3也根本看不出由各级司令部门、各机构办公室以及官兵个人所做出的持续努力与许多微小改进对事故率的影响。当时舰队要接收新型的高性能舰载机，且面临夜间飞行与全天候飞行需求的增加，更要命的是要面临冷战的长期持续作战需求以及数次热战的需求。尽管要面对这些挑战，但由于各级官兵所做出的持续努力与改进，使得海军与海军陆战队的事故率得到了大幅改善。后面的章节会对这些方面的内容及相关注释展开详述。

来自商业航空、空军、海军及许多非国防政府机构的经验组合共同使得飞行安全产生了巨大变化，这些变化在本章的图表中已有所体现。飞行安全的这些变化，又反过来在20世纪的下半段时间里保护了许多生命与大量物资的安全，并提高了海军航空兵的战备完好性与有效性。本书以后的章节将专注于海军航空兵方面的内容，但大背景是美国航空界的整体进步。

在海军航空兵中，除了那些在朝鲜战争与越南战争中阵亡的机组人员与损失的飞机外，绝大多数的飞机失事是由于操作规程、技术状况以及组织问题等原因，不少失事的原因是指挥拙劣与缺乏训练。与此同时，使情况更糟的是，位于航空母舰飞行甲板上的大部分舰载机都需要经过大量训练才能有效驾驶，且这些飞机难以保障，容易造成飞行员因训练不足或是粗心大意而死亡。从引入 FH-1 幻影舰载机开始到 F-14 雄猫舰载机退役一直如此，鲜有例外。海军航空兵其他类型的飞机，海基飞机与岸基飞机也并无不同，这也包括那些经常在恶劣环境下、从各类平台起飞且数量越来越多的直升机。为尝试在海上极具挑战性的环境下驾驶这些飞机，许多军人付出了生命的代价。

当前海军航空兵的安全建设已获成功。但是，如果不知道或不理解之前岁月所经历的一切，人们便很难充分体会出这种成功的意义。接下来的章节将讲述这一切。

# 第 4 章

# 事情开始好转

在 20 世纪 50 年代的最初阶段,海军与海军陆战队一方面遭受着战后快速裁军与削减预算带来的不利影响,另一方面要做好同时应对来自多个地区威胁与挑战的准备。同时,难以让人忽视的是来自决策层的关于空军应全面负责军事航空的决断,对海军的士气产生了很大的打击。海军航空兵为了生存下去,必须要直面这些挑战并克服它们。

一个主要挑战是必须要解决核弹投送问题。核弹很大,空军有大型轰炸机,而海军没有。早些年间,海军使用双引擎的螺旋桨巡逻机(P2V)解决这一问题,该飞机从一艘中途岛级的航空母舰上起飞(见图 4.1)。之后,海军开发了一种大型舰载多引擎战机,即 AJ 野人舰载核攻击机。

图 4.1 P2V 从航空母舰上起飞

(资料来源:海军历史与遗产司令部)

当较小型的核弹投入使用后，海军又改用战斗机与攻击机。最初这一作战能力由经过专门训练的部队实施，但很快就被扩展到了所有飞行中队。

与此同时，海军航空兵必须要时刻准备执行各类任务，不管任务类型是核战争还是常规作战，也不管是在白天还是在晚上，抑或是在恶劣天气下执行。二战期间，经特殊训练的特种兵与特战队执行夜间飞行与全天候飞行任务。现在，所有飞行员也必须如此训练并要满足飞行标准要求。同时，随着对日趋强大的苏联潜艇舰队警惕性的提高，陆基与海基反潜作战的重要性也越来越大。在海军要全力满足各种新的、日益增长的且需求量越来越大的作战要求之际，喷气式战机开始替代螺旋桨飞机了。所有这些都以命令的形式下达到各训练单位与作战部队，这两项工作必须要得到切实落实，新的作战能力必须得到发展。在这一过程中，经常发生飞机损毁与人员伤亡事故。可悲的是，在某些圈子里这些却被称为"经营成本"而加以接受。

随着朝鲜战争的爆发，战争又突然回归到了常规作战模式，例如从航空母舰上对预定目标实施打击，近距离空中支援与武装侦察。尽管这些任务与二战后期的那些任务差别不大，但现在海军航空兵要在夜间、在恶劣气象条件下执行任务，且飞行员所驾驶的喷气式飞机，仍要从专为螺旋桨飞机而设计的航空母舰上起降。相较于喷气式飞机，螺旋桨飞机速度较慢，体型也更宽大。

朝鲜战争还需要在短期内征召更多的飞行员。因此，一些仅满足最低飞行时间要求的预备役人员也被征召进来了，训练率也被大大提高。太平洋舰队倾向于将基于航空母舰的反潜战暂置一边，而大西洋舰队则针对苏联进攻的可能性展开了持续训练与作战准备，不但要训练具备精通远程打击、夜间作战与全天候作战的能力，还要训练精通反潜作战。训练时间是动态可变的，海军与海军陆战队的事故发生率反映了这一点。一些战后的最高事故率与最大机组人员死亡率数字就出现在该时代的最初几年里。原因有很多，其中之一就是在应对冷战与朝鲜战争时，海军航空兵一直使用的惯例与操作规程都是在二战时期形成的。驾驶新型喷气式战机和更高性能的螺旋桨飞机以及远程巡逻机在夜间或全天候条件下飞行，使用的技术与多款飞行系统、导航系统却都来自于二战时期，这可是诱发重大问题发生的温床啊。虽然在夜间及不良气候条件下的有效飞行最终成了海军与海军陆战队的标配能力，但这种能力的取得却不是无代价的。

自朝鲜战争开始后，作战需求量突飞猛进。虽然看上去很多任务要由海军其他兵种与海军陆战队来承担，但是实际上却是由海军航空兵具体完成的。从1950年到1959年，航空母舰特遣部队不但要应对朝鲜半岛问题，还要应对苏伊士运河、约旦、黎巴嫩以及老挝等地区的危机。常规巡航的时间长、频率高，通常一次巡航需要8~9个月。巡航后往往人员精疲力竭，装备磨损老化严重。这一时期的大部分年刊中都有大段关于飞行事故导致人员伤亡的长名单。一次巡航中，航空母舰飞行中队损失掉一半以上飞机的记录也并不鲜见。

与此同时，直升机开始盛行起来。直升机的任务首先是从航空母舰起飞执行搜索与救援任务（见图4.2），接着在反潜战中的作用越来越突出。直升机可昼航、可夜航，可在全天候下飞行，能搭载海军陆战队实施登陆作战任务。然而不幸的是，直升机的事故历程在当时可不是什么典范。

岸基作业在事故率的增加方面也不具备免疫能力。在1954年这一年当中，一个中队就发生了4起岸基战术弹道导弹（TBM）事故，还发生了一架载有多名乘员的直升机在接近意大利那不勒斯的卡波迪基诺机场时发生了致命自旋。在其他事故中，还发生过满载乘员的大型运输机失联的事故。由于缺乏资金，预备役在向喷气式飞机转变时所接受的针对性训练并不是很多，甚至是没有。

为满足朝鲜战争的需要，飞行员的训练比率有了迅速增长，由此也带来了事故发生次数的增加。海军航空训练司令部也掌握了这一情况。在整个海军航空兵的业务范围内，新的使命和新的需求造成了新的问

图 4.2 HU-2 直升机着舰

(资料来源：海军历史与遗产司令部)

题，事故率由此而快速增长。在事故数量日益增长的背景下，在时刻要满足朝鲜战争作战需求的条件下，创新被提上了议事日程。海军所应对的战争威胁其范围从核战争到潜艇战，再到为支持盟友而发动的在各类条件下的军事打击。许多创新最终换来了海军事故率整体急剧下降的结果，并从当时较高的事故率数值降到现如今的水平。

首先要找出事故率如此之高的原因，然后再找出降低事故率的方法。这样的工作思路在当时并不为人们所广泛认知。但 1951 年海军航空安全活动组的建立采取了这一思路，紧随其后的是在 1953 年的弗拉特利报告也采取了这一思路。关于这两个事件的细节将在第 8 章展开叙述，但它们的重要意义必须得到承认。弗拉特利报告的产生来源于一架海军陆战队 R4Q 军用运输机（见图 4.3）的坠毁事故，该运输机搭载了海军预备役军官训练队的 40 名生长军官和 6 名机组人员，飞机在夜间从怀特菲尔德机场起飞时失事。这次坠毁共造成 44 人死亡。后续报告指出，坠毁的一个主要原因是机组人员对夜间飞行的业务熟练度较低。

在 20 世纪 50 年代早期这样的状况并不少见。

图 4.3　仙童公司的 R4Q 飞行车厢运输机
（资料来源：海军历史与遗产司令部）

除非绝对必要，否则飞行员们大多不愿意在夜间飞行。白天飞行充满了乐趣，特别是在远海远离航空管制的区域。那里一团团蓬松的积云变成了飞行员们的指示塔，飞行员们以近乎放纵的方式飞掠于这些白云旁边。世界是美好的，对舰载机飞行员而言，最令人爽快的事莫过于在碧海蓝天之间的团团白云之中展开空中追逐。然而当夜幕降临时，这些云朵就会遮挡住可能存在的月光与星光，此时在水面之上，黑暗的天空与漆黑的大海交融在一起，那就是另一番场景了。

同时，长时间在云中飞行时，飞行员还要承受夜视仪中那些微妙奇特的影像，并要依赖于可能失控的机载仪表以及可靠性并不确定的无线电，这就不是许多飞行员希望经历的了。向空中交通管制队登记报到是非常烦人的，特别是利用当时的无线电话时更是如此，因为它所产生的通话声音有些古怪，而且空中还经常会发生其他飞机未经授权的"自行下降着陆"，即飞行在仪表飞行条件下未经监管部门批准而擅自下降高度。

夜航与仪表导航飞行都不能算是新鲜事物，事实上它们确实不是。

多年以来，飞行员们一直都在执行夜航与仪表导航飞行任务，尽管大多数情况下他们不得不这么做。没有一名海军飞行员对夜航与仪表导航飞行感到陌生，每一名飞行员都在海军航空训练司令部体验过这些飞行课目，而且长期以来还存在一项规定，即每名飞行员都要满足指定的最低夜航飞行小时数与最低仪表导航飞行小时数才算合格。而夜航只有在月亮很圆，仪表导航飞行只有在空气很平静时才满足飞行要求。特别地，几乎所有的地面机场都能满足夜间飞行的要求，而对于航空母舰却并非如此。在朝鲜战争之前，有经过特别训练的特种中队执行夜航与仪表导航飞行任务，他们被称为混合中队，美国东、西两大海岸各3个，好几个这样的中队在二战中都取得了巨大成功。但这几个中队的成功都仅是特例，而非常态。二战结束后，这类特种中队受到了裁减，海军航空母舰又回到了晴朗天气飞行的时代。

地面机场的塔台指挥官也不喜欢夜航，因为这会扰民而遭到周边居民的抱怨，但这也无济于事。航空母舰上的指挥官们同样不喜欢夜航，因为夜航会使得机组人员无法在机库隔间内看夜间电影。混合中队在每艘作业船上都部署了分遣队以提供夜间攻击与作战的能力，但随着航行的进行，他们实际能够提供的作战能力会日趋下降，因为舰长与舰队司令要优先考虑优先级更高的事项，即安全事故。一支由第4混合中队的5架战机所组成的分遣队，在某次部署任务中的记录就很具代表性：共发生了12次事故，其中3次是在夜间目视飞行规则（VFR）下发生的致命事故，而导致战机"攻击损害"级别（等同于完全报废）的事故则有8起之多。即使是让这些飞机真正飞起来也并不容易。奥鲁克舰长在1998年秋季发行的期刊《锚》中再次解释道："分队的作战任务是在昼夜之间进行快速变换。当苏联的潜艇舰队不再关心水面上的天气状况时，当对方战斗机与轰炸机在夜间飞行时，当朝鲜战场上的对方部队利用夜色掩护实施人员物资补给与部队转移机动时，这一切就要开始发生转变了。"

这些作战方式也促进了飞机系统与飞行训练的改变。喷气式飞机的出现只会使问题更加突出，因为喷气式飞机的飞行速度更快，耗费燃油的速度更高。而低频导航范围与难以处理的进场航线只会浪费更多的飞行时间与航油，喷气式飞机对此难以承受。机上座舱仪表与无线电也难以适用于高速飞行与持续作战。除某些倾侧角或倾斜度外，陀螺地平仪会发生滚动，面对这种情况，为保持机翼水平或是维持一个确定的倾角侧度，飞行员不得不使用始于 20 年代的"指针型/球型"仪器。只有空速表和爬升率指示器对于指示机头位置有些用处。机上通信通常只能在数量有限的频道上进行，而且很多飞行员根本不把夜间飞行与不良天气下的飞行看作是飞行，而是一场生存考验。这种说法的出现原因可能是由诸如 VC-4 中队创造的不良记录等此类数据导致的。在某一年中，VC-4 中队发生了 52 次重大事故，其中有 18 次是致命事故。另一方面，由夜航或能见度降低所直接导致的事故实际上只占事故总量的很小比例。那些无法忍受那个年代仪表飞行限制条件的飞行员们，要么避开这些飞行，要么要求解除飞行资格。不管怎样，由于作战与安全问题都是当务之急，人们的那些态度、那样的飞行训练与飞行设备都开始发生了转变。

考虑到核战争的可能性以及舰队防空、搜索与救援、部队支援与新装备等的应用前景，最高领导层不但意识到了舰队广泛存在的问题，而且还嗅到了飞行员全面精通夜航与仪表飞行所具备的作战潜能。这促使海军作战部长（CNO）在 1950 年 10 月下令在每个航空站、飞行联队与飞行中队都成立一个永久性的仪表飞行委员会。从命令发布之日起，所有 Group I 级别的海军飞行员①都要持有一个有效的仪表飞行等级。大约在同时期，所有飞行学员在取得飞行资格之前，都必须选修全天候飞行学院的课程。全天候飞行学院位于德克萨斯州的科珀斯克里斯蒂。同时，成立了一家专门的海岸机构与工厂致力于解决这些问题，并采用了商业设备以改善状况。这些努力对舰基与陆基海军航空兵降低事故发

---

① 身体合格且年龄不超过 42 岁的海军飞行员。

生次数的贡献较大，同样的情况也适用于空军与商业航空。尽管下面的段落所表述的内容是针对海军航空兵的，但这些近乎一致的改善措施很好地解释了为什么第 3 章中图 3-1、图 3-2 与图 3-3 中的曲线具有类似的形状。

重申一次，在海军作战部长签署那项 1951 年的法令之前，并非所有海军航空兵都不熟悉仪表飞行，长期以来海军一直都有这方面的基本训练。飞行学员的飞行教学大纲中有一部分是关于在飞行安全教官的指导下飞行，以及在环状训练舱中进行教学的内容。不幸的是，安全训练的程度也就仅限于此而已，因此才会经常发生"自清除渗透"飞行，以及旋转着冲出云层直奔地面的事件（飞机旋转奔地这样的事件并不经常发生）。

在 1948 年 8 月，驻扎本土且负责夜间战斗与夜间攻击的海军分遣队 VCN-1 与 VCN-2 被分别重新指派给太平洋舰队全天候飞行教导队（FAWTUPAC）与大西洋舰队全天候飞行教导队（FAWTULANT）。在重新指派之后，这两个分遣队除了要继续加强自身训练并为所在部署的航空母舰舰队提供夜间作战能力外，他们还要承担额外的任务，包括为只能在日间飞行的联队飞行员进行仪表飞行教学，以及为全天候空中管制员的最终任职资格提供培训。然而，并非所有飞行员都接受了这些培训。

在 20 世纪 50 年代初期，驾驶员座舱中用于导航与飞行航线基准的仪器大多是气动的，即由全静压系统产生的压缩空气提供动力。非气动仪器主要有磁罗经、转弯指针、无线电高度表与气泡八分仪，其中磁罗经通常用于陀螺罗经的备份，气泡八分仪则用在一些特定型号的陆基飞机或水上飞机上。这些仪器设备对于早期低航速的飞机而言是满足飞行要求的，但现在随着高性能喷气式飞机的出现以及在全天候条件下飞行的要求，这些仪器设备便离飞行要求差得很远了。要么是出于机械故障，要么是由于飞行员操作不当，这些仪器设备经常会导致事故发生。在超过特定的倾侧角和机头姿态时，气动人工水平仪便会发生滚动；陀螺罗经会不断地旋进；磁罗经要么滞后要么来回摆动。当然了，气动八分仪在单座飞行上并不可用。

即使是在最好的情况下，仅依靠磁罗经、空速表、转弯倾斜仪和升降速率指示器进行全天候飞行与夜间飞行也是相当困难的。况且无线电高度表还会经常失效。这样的情况下人们迫切需要一套全新的飞行仪表。而幸运的是，所需的仪表设备很快便被发明生产出来，并被很快投入了使用。这对于提高舰队的战备完好性、改善当前不良的事故记录而言是十分有利的。

截止到 20 世纪 50 年代末期，所有飞机都配备了电驱的姿态仪和罗盘。这些设备的可靠性和易读性要比旧型设备好得多。一些飞机上还装备了特制的非滚动式仪器，以方便飞行员读取倾斜度、倾侧角和爬升率，从而使得飞行员在夜间或不良天气下读取仪表数据更加容易。这些指示设备中最有效的仪表之一是早在 1954 年便被安装使用的"索尔式远程引用图示垂直陀螺仪姿态指示器"。该指示器的显示画面中，其背景是天空、地平线与地球的仿真图像，显示器上会将所在飞机模拟成一幅微型飞机图案，并动态显示该飞机在背景图像下的相对运动，这样飞行员就能知道飞机当前的爬升角、俯冲角与转向角的准确读数了。在当时看来，这是一次在技术上不可思议的进步。毫无疑问的是，该型设备在许多致命事故中挽救了多架战机。精准的数字显示与惯性系统，以及基于卫星的导航系统还要在未来经过很长一段时间后才会问世。

此后飞行仪器仪表设备得到了持续的全面改善。对于那些要执行"仪表飞行"任务的空勤人员来说，这些改善为他们带来了更多的可用机载工具。面对天空中的云朵遮挡与无边无际的大海，飞行员们看不到任何地标，这曾是最令空勤人员头疼的问题之一。当通信质量不佳或是没有信号时，情况会变得更糟。在 20 世纪 50 年代以前，大多数的机上无线电频段位于甚高频（VHF）波段，而大部分的航空母舰只能使用少量的预置频段。要想更改预置频率，必须由地面技术人员更换无线电台上的某个晶体元器件才能实现。这是相当麻烦的一件事。在极端的情况下，如果空勤人员在仪表飞行任务期间没有合适的频率与地面管制员或舰上管制员取得联系的话，那就是意味着事故将要发生了。直到20世纪50年代早期，工程师们为航空母舰配备了多通道特高频（UHF）无线电后，问题才得到了突破性的解决。

在基于地面导航飞行时，飞行员们使用的是民用航空局的低频波段和无方向性信标（NDB）以及无线电指位标，尽管有些飞机没有安装能够接收NDB的自动测向仪（ADF）。在单座飞机上调节"转盘"手柄实现低频无线电的范围调谐也并不总是那么容易，特别是在云层中飞行时更是如此。地点固定的岸上飞机场倒不存在这些问题，但20世纪50年代早期从航空母舰上起飞的舰载机在视距之外时便不能再依靠舰载雷达导航了，因为舰载雷达发射的无线电导航信号，其有效范围不会超过20n mile。舰载机不得不依靠YE/YG[①]作为仅有的备份，而在几年后，舰载机所唯一依赖的备份导航设备是带有水上航位推算（DR）功能的舰载ADF。当时除了基于DR的图表预测与风力估计外，不存在其他任何方法可以测量飞机距发射台的有效距离。这其中，风力估计是通过观察波浪形态目测估计的。在这种情况下，飞机失事的隐患随处可见，这在实际工作中是令人难以忍受的。

在舰队当中曾经有过一种服役期较为短暂的革新设备出现，这种设备就是AN/ASN-6飞机对地位置指示仪，实际上该型设备是一种机械式计算机。使用时，飞行员输入飞机起飞地点的经度、纬度，根据气象台的预报设置好风力和风向（如果离水面足够近，也可以不经气象台而自己通过目视波浪形态自行设置偏移），清除船舶运动图所需的固定航线与速度更新。而在雷达和塔康系统更新换代之后，这种设备最终被惯性导航系统所取代。

塔康系统是一种视距空中辅助导航设备，可显示飞机相对于某一航空站的方位与距离。该系统一经问世，那些诸如无线电指位标、利用两

---

① YE/YG是一种舰载定位归航设备。

个低频段相交定位的方法、基于船舶运动图法，甚至是飞机对地位置指示仪等可靠性不高的导航设备与方法便被淘汰出局了。对于那些常年所依赖的 DR、低频波段、信标机与归航指点标等设备与方法而言，塔康是一项惊人的进步。塔康系统首先在地面飞机场展开应用，但在 1955 年早期，所有的航空母舰上便都配置了塔康。现在飞行员们能够持续获取飞机的航程、方位以及与基地的相对距离。利用塔康系统，喷气式舰载机可执行"喷射下降"动作。"喷射下降"是一种仪表进场方式，可使舰载机从等待航线状态以修正角航线方式完成向母舰进场，以此来节省航空燃油。一旦飞机低于云层，便可进入正常的航空母舰着舰航线，或是在不良天气下下降并进入航空母舰控制进场（CCA）。航空母舰控制进场是地面控制进场（GCA）的舰载版，而 GCA 已在现实当中运作多年了。

> **小知识**：塔康（TACAN, Tactical Air Navigation System）是战术空中导航系统英文简称 TACAN 的音译，由美国于 1955 年研制成功，后被多国采用，是世界上第一个为飞机提供方位和距离信息的系统，主要用于为飞机提供几十到几百千米范围内的导航，保障飞机按预定航线飞向目标，机群的空中集结，以及在复杂气象条件下引导飞机归航和进场。工作时飞机向降落点信标发出询问信号，得到回复后计算得出飞机与航空站的距离，或是通过探测航空站信标发出的无线电波形，得出飞机与降落点的准确位置。

初代 GCA 直接来源于二战时期精密雷达的发展。精密雷达在当时被用于空中战斗巡逻机的指挥台与防空火炮控制台。海军航空兵的空中交通管制员早在 1943 年便开始接收这方面的训练。同年，海军作战部长便批准将 GCA 作为海军的一项标准无线电引降方法用于可视条件下的空中管制。之后，GCA 很快便证明了自己适用于岸基机场。为了使海上舰艇具备仪表着舰功能，人们开发出了 CCA。早期的 CCA 系统于 1948 年 10 月在"菲律宾海"号航空母舰上投入使用。之后该系统被完整开发出来并被安装到了其他航空母舰上。一经使用，该系统便显著增强了舰队在全天候条件下持续飞行作战的战备完好性。毫无疑问的是，该系统挽救了许多战机，但由于没有明确的记录保存，实际所拯救的飞机数量是难以统计的。不管发生什么情况，如果所预报的天气指示CCA需要召回舰载机，那么舰载机就不会再飞了，当最初的着舰方式依赖于舰艇上低频段的归航信号时更是如此。但是，随着CCA的可接受度变得更高，系统的可靠性更好，以及随着塔康系统可为CCA模式提供可用的数据支撑时，飞行状况变得更好了。

很长一段时间以来，雷达便一直被用于夜间战斗机与攻击机上，因此人们很容易就想到了可将雷达用作导航设备，以及用于其他机型的飞机上以辅助仪表进场着陆。雷达设备成为飞机上的标配只花了很短的时间，而且一经广泛使用便被快速接受。在《海军航空新闻》上有一篇这样的报道，其中描述了一架运输机在进行仪表着陆进场时，如何利用雷达规避了险些撞到的峭壁上。这样的报道对于未来让舰队接受雷达的使用贡献颇多。

对于雷达或GCA/CCA到底挽救了多少飞机与多少飞行员的生命这一课题并没有完整的统计数字，因为存在一种可能性，即如果没有这些设备，飞行员可能从一开始就不会在云层较低、能见度不良条件下实施进场着陆。但是，当机组人员了解到这些设备的能力后，他们的信心便一点点得到增强，因为这些设备确实提高了飞机的战备完好性，避免了很多事故并极有可能挽救很多生命。具体数据都隐藏在事故率曲线的下降趋势中，如图3-1、图3-2与图3-3所示。然而，1950年至1960年间事故率的改善，大多都要归功于采用了更好的飞行仪表，更优的导航设备，以及性能更佳的飞机，这一点是毋庸置疑的。

# 第 5 章

# 喷气式战机列装到海军航空兵部队

在二战结束后的几年时间里,海军与海军陆战队立即开始向喷气式飞机转型。人们开展了多种不同型号飞机的制造与试验任务,截至1950年朝鲜战争开始时,每个航空母舰空中联队都至少配备了2个喷气式飞机中队,机型通常是格鲁曼公司的F9F型黑豹战斗机与麦克唐纳公司的F2H型女妖战斗机,一些航空母舰上还配备了道格拉斯公司的F3D型空中骑士全天候分遣队。所有这3种机型在部队中一直服役直至达到它们的作战耐力极限,维修记录与事故率记录可以证明这一点。这些喷气式战机以惊人的速率消耗着航空燃油,并且它们从航空母舰起飞时所使用的操作规程与舰载设备(舰载机弹射器与制动装置)仅是在基于螺旋桨式舰载机的基础上进行的简单改进版而已。这些舰载机从航空母舰上的直通式飞行甲板上起飞,在液压弹射器上完成弹射,并且还要按照传统模式完成舰载机对航空母舰的进场着舰(见第1章与附录6)。在夜间时,女妖战斗机与空中骑士战斗机竟然被一视同仁地做着相同的事情。考虑到舰载机与其舰上作业的这种情况,当年的事故率却没有因此而变得更糟糕,现在回想起来这可真是个奇迹。很多人都认为,"喷气式飞机只是另一种飞机罢了",喷气式飞机与螺旋桨飞机本质上没有太大区别。

> **小知识**:空中骑士战斗机的最初设计理念是为美国海军建造一型夜间战斗

> 机，而女妖战斗机则是为了提高同时期美国海军喷气式战斗机的飞行时速，并不是专为夜间战斗而设计的。将非夜间的女妖战斗机与专为夜间设计的空中骑士战斗机在夜间飞行时同等对待，作者感到不可思议。

麻烦就麻烦在喷气式飞机还真就不是"另一种飞机"。喷气式飞机不单是因飞行速度更高所以需要飞行员的反应速度更快，还在于对飞机失速与螺旋下降的容忍度更低了，还有就是飞机的耗油率也变得更快更高了。随着机上燃油的不断消耗，飞机的重量与平衡性逐渐发生了变化，且变化程度远超螺旋桨式飞机（飞机进场时的最佳航速是随飞机重量动态变化的，螺旋桨式飞机亦是如此。但由于喷气式飞机上燃油的重量占比更高，所以喷气式飞机的重量变化程度也会大得多）。喷气式飞机的驾驶员座舱要简单得多：没有控制推进器，没有控制汽化加温器，没有混合比调节，也没有超负荷调整。所有这些使人们催化出这样一个观念，即"这只是另一种飞机，而且比之前的更简单"。但很快人们就发现这是个错误观念，是一个与"只要告诉我怎么启动，我就能驾驶它上天"相伴相生的错误观点，它忽略了一个事实，即新生代的喷气式战机飞行员大多都没有真正理解在较高航速下的航空动力学原理，因此他们经常发现自己会身处出乎意料的麻烦之中。发动机的使用寿命与可靠性也达不到几年后发动机的相近水平，要达到那种千锤百炼而不坏、货真价实且可靠性高的理想发动机水平，看起来还要走很长的一段改进之路。

在新型喷气式战机交付使用后，它们并未表现得更出色，在某些情况下甚至更加糟糕。例如：在1954财年F7U弯刀舰载机创造了每10万飞行小时191次事故的惊人纪录；FJ狂怒舰载机（即FJ-1战斗机）是一种需求量少得多的机型，然而其每10万飞行小时的事故数却达到了177次；而F2H女妖舰载机的每10万飞行小时事故数则为145次。诸如此类的事故记录在很大程度上解释了为什么在1950—1954年间的事故曲线呈上升趋势。

毫无疑问的是，这段时间事故曲线上升的另一个原因在于，当海军专注解决哪些型号的喷气式飞机最适合于应对哪些类别的预期任务时，海军领导层还要与空军竞争以争取承担更多的任务，同时还要尝试赶上苏联的实力。此种状况下的一个发展结果就是，飞机制造商在 50 年代时制造了 15 个新型号的喷气式飞机并完成了首飞（见第 13 章图 13-1）。加上 20 世纪 40 年代末期制造并完成首飞的 7 个型号更早的喷气式飞机，可以说这段时间喷气式飞机得到了前所未有的发展，这一事实是十分明显的。尽管在新飞机首飞时很少发生事故，但早期其他飞行通常都有着不尽人意的事故经历。实际工作中所依赖的试错法导致了一系列不同型号的飞机在列装部队后很快便被淘汰了。每架飞机都反映了对早期飞机模型中所发现缺陷的一次修正。对于那些留下来的、能够在部队长期服役的机型，"缺陷"被不断修复，机组人员也变得越来越熟悉该机型飞机，全体成员共同提升了学习曲线——所有这些都对安全记录往好的方向发展有所帮助。

> **小知识**：学习曲线，又被称作波士顿经验曲线，该曲线表示了经验与效率之间的关系。当个体成员或集体组织在一项任务中习得更多经验时，他们在将来就会变得更加高效。

尽管有一些飞机最终达到了长期服役的条件，但海军航空兵向喷气式飞机转型的过程却慢得令人发指。比起海军与海军航空兵，空军与商业航空领域向喷气式飞机转型的时间要早得多。海军有一款在 20 世纪 50 年代便完成首飞且服役期较长的喷气式战机，即 A-4 天鹰攻击机，50 年代的其他机型都未达到或接近该机型那样长的服役期。另一方面，20 世纪 60 年代之后还出现了几型服役期较长的喷气式飞机——F-4 鬼怪战斗机、A-6 入侵者攻击机、F/A-18 大黄蜂战斗攻击机及其变形均位列其中。飞机在部队服役期长的这项特点对于 1960 年后稳固改善的事故率确实具有相当程度的帮助。同时，除飞机本身外，一系列的革新也为改善飞行安全做出了很多贡献。

> **小知识**：A-4天鹰攻击机，是20世纪50年代初期美国道格拉斯公司研制的一款单座舰载型攻击机，该机型曾在越南战争中承担多项任务，在服役期超过半个世纪后，当前仍有少部分的A-4攻击机在新加坡、巴西与阿根廷等少数几个国家飞行，另外该机虽然在美军退役，但由于其机动性高，仍被美国的一些飞行表演队选为表演机型。

这些革新当中的一项主要革新技术便是空中加油的出现。空中加油为喷气式飞机提供了不可计量的帮助。与很多航空母舰航空业务类似，空中加油是由英国开发、由美国三大服务商格鲁曼公司、麦克唐纳公司与道格拉斯公司引进后并推广使用的。引进空中加油技术的最初目的是增加飞机航程，但很快人们便发现了空中加油在安全领域的用途。在航空母舰执行任务期间，这种能力在航空母舰飞行甲板因各种原因"变脏"（被阻塞或是其他原因导致舰载机无法降落）时，拯救了多个架次的战机。不幸的是，并没有关于空中加油到底"拯救"了多少飞机的具体数字，但这一数字一定相当之高，因为舰上经常突发"双零天气"（零能见度、零云底高度，其中云底高度指的是云层底部距地表面的垂直距离），或其他舰载机在飞行甲板上坠落，以及阻拦装置故障或其他工程故障等事件。当出现这些事件后，正在飞行的舰载机无法降落，而利用空中加油技术可使该机在天上多飞一段时间，从而避免舰载机强制降落引发事故。

> **小知识**：舰上起飞的喷气式舰载机耗油相当多，如果不采用蒸汽弹射技术，从甲板上滑跃起飞的舰载机仅在起飞阶段便会消耗约70%的燃油。

首批具备空中加油能力的舰载机有F9F-8美洲狮战斗机，F7U-3弯刀舰载机以及稍后列装的FJ-3狂怒舰载机。首批空中加油机群是由改进型的AJ野人舰载核攻击机组建而成的（见图5.1），该型飞机是为了运载20世纪40年代时期那些体型巨大的核武器而建造的。对于空中加油任务而言，它们性能良好，机身结构坚固，但当它们作为空中加油机服役时，已接近服役尾声且可靠性并不确定。因此当 AJ 野人攻击机改装用于空中加油机且为 F7U 舰载机空中加油时，引来了一片争议。考虑到这样的搭配并不可靠，因此人们选择在舰艇上空执行空中加油动作，这样万一空中加油不成功，F7U 弯刀舰载机还可及时着舰。在此之后，空中加油的状况得到了改善。现如今，从空中加油机或空军专用空中加油机或从盟友的空中加油机中为飞机加油已经是一项司空见惯的事了。

图 5.1　AJ 野人攻击机改装的空中加油机正在为 F7U 弯刀舰载机空中加油
（资料来源：海军历史与遗产司令部）

飞行仪表当中最为有效的仪表之一当数迎角指示器了（见图 5.2）。迎角指示器于 1954 年首次安装于航空母舰舰载机上，之后便被推广到整个舰队。迎角指示器的有效性基于这样一个事实，即飞机着陆进场的飞行速度十分关键，当在航空母舰上着舰时更是如此。如果飞行速度太快，飞机就可能偏离预定位置落地，并可能拉破制动钩或阻拦索，在早期年代的航空母舰中甚至会撞向防冲网（一种用于预防着舰飞机撞向前方停泊着的飞机的围栏）。如果飞行速度太慢，着舰飞机就可能会失速掉到海里，或是撞到船尾。着舰时飞行速度太快或太慢，至少会导致 LSO 发出复飞指令。

图 5.2　迎角指示器

（资料来源：期刊 *Approach*，海军安全中心）

在迎角指示器安装到飞机之前，飞行员需要根据飞机的结构、重量与外挂载荷计算出飞机的进场速度，并做出如下决策：是打开襟翼还是收起襟翼，还是打开部分襟翼，减速板是使用还是不使用。在相同的迎角下，飞机及其载荷重量越重，所需的进场速度就越高。最佳进场速度的变化幅度在 9~10n mile/h 之间。飞行员在低头看仪表盘、记住并保持指示航速的同时，还要眺望舰船中心线上的下降队列，同时还要按 LSO 或 "镜面光学助降系统" 的指示以适当的下降斜度进场，这种操作难度通常而言会造成严重的、有时是致命的问题。再加上早期的喷气式飞机在失速与进场速度之间并没有明确界限，因此就使得问题更加严重了。空投剩余的弹药、飞行剩余的燃油等都会令最佳进场速度产生重大变化，而迎角指示器的出现解决了所有这些问题。

随着时间的推移，喷气发动机变得更加可靠了，机上也安装了带有人工 "感觉" 的不可逆控制系统。增稳控制系统、弹射座椅、空气调节系统以及其他改进系统陆续问世。总之，随着 50 年代飞行方面的不断进展，海军与海军陆战队所属飞机的作战安全性也在不断地进步。这一进步的证据在于，1950—1959年间，海军航空兵的重大事故率减少了一半还多，许多生命与飞机因此而免于灾难，整个舰队的战备完好率都得到了改善。这一成就的一个重要因素就在于海军向喷气式飞机的转型。很多海军领导也不再继续相信"飞行事故会一直跟随着我们"了。

# 第 6 章

# 航空母舰

改变与调整

在二战期间,载有舰载机的航空母舰取代战列舰成为一支舰队的核心。航空母舰一次又一次地在战争中证明了自己的实战性、重要性以及不可或缺性。尽管存在一些与航空母舰否定者的争论,但战后不久又很快证明了航空母舰的持续重要性。这次航空母舰的作用是作为国家核威慑力量的一部分,当然也不否认航空母舰在其他方面的用途。在应对朝鲜半岛、黎巴嫩、古巴以及其他一些国家或地区等一连串危机时,航空母舰所担负起的那种随时待命、随叫随到、时刻准备着的新角色对于美国来说是越发重要的。

尽管航空母舰赢得了战争,然而战争结束后,那些返回故土的飞行指挥官们却对航空母舰的表现并不十分满意。他们想要将战争中习得的经验教训应用于未来海军航空兵的建设当中。建设思路与建设方案非常之多,但获得广泛认可的方案中,大多都建议飞机应当更大,且应当是喷气式推进的。为了在舰船上起降这样的飞机自然就需要更大的航空母舰,而且航空母舰的飞行甲板上还不应有舰岛与任何其他类型的障碍干扰。一些工程师认为应当在甲板上添加炉身以便于锅炉通风,还有一些导航人员及通信专业人员也认为甲板上应当配备高架的舰船操纵站与高架天线,因此他们对甲板上什么也没有的方案持反对意见,但这些反对意见都被忽视了。因此战后首艘航空母舰,即"美国"号航空母舰,其建造方案中就采用了直通式甲板，甲板上没有舰岛，甲板上方也没有天线或舰载武器系统。这里重提"美国"号航空母舰的取消及由此引发的"海军上将们的反叛"事件，实际上与本书主题海军航空兵的安全发展历史并不相关，但这些事情确实在不经意间延缓了首艘战后级航空母舰的建造进程。直到英国人的斜角甲板、蒸汽弹射器、镜面光学助降系统等方案提出后情况才得到了改变。英国人的这些方案使得在舰艇上起降飞机更加安全，自不必说也更加高效。

直到英国人开发出斜角甲板、蒸汽弹射器、镜面光学助降系统等以上系统之后，舰载机才能像第1章描述的那样在航空母舰上降落。着舰的舰载机永远都存在撞向停机坪的可能性，而且飞机没有钩到阻拦索一头撞向防冲网的事故也并不鲜见。除了发生没能放下起落架或尾钩等小概率事件外，斜角甲板的出现使得舰载机降落不再需要防冲网之类的设备。因此，在许多业内人士之间，特别是在飞行员之间，出现了一种流行观点，即斜角甲板的出现是使得1955年后整个海军航空兵安全性得到戏剧性提升的唯一原因。不可否认的是，斜角甲板对于舰载机着舰的安全性和有效性上有着重大突破，但安全性的提高并非只是斜角甲板的功劳。因为不可能发生所有航空母舰舰队都同时完成向斜角甲板转变这样的事情。另外，这一时期同时引进的系统还有镜面光学助降系统和蒸汽弹射器。关于这两类系统以后再进行讨论。当世界上第一艘真正付诸生产的超级航空母舰，即具有大甲板的福莱斯特级航空母舰于1955年在舰队服役时，飞行变得更安全、更有效了。与此同时，整个海军航空兵中性能更佳的飞机、座舱仪表、导航设备、操控系统，甚至是更加优化的人员管理方案也在同时期出现。因此，尽管斜角甲板非常重要，但将斜角甲板作为飞行安全日益增长的唯一促成因素则是一种误导。同时也应注意到，海军航空兵的领导层决定使用斜角甲板时，并不是因为它具有能够大幅提高飞行安全的应用前景，而是因为斜角甲板在起降更大型的喷气式舰载机方面具有更优的性能。

> **小知识**：斜角甲板是航空母舰发展史上具有里程碑式的一项发明。斜角甲板分斜、直两段甲板，位于飞行甲板左侧与舰艏艉中心线呈 6°～13°夹角。整个飞行甲板的前部为起飞区，可加装蒸汽弹射器助飞。左侧斜角甲板为着舰区，装有供飞机降落用的阻拦索。斜、直相交处形成的三角区为停机坪区，另外斜角甲板的最左侧不影响着舰的区域以及舰岛两侧也可作为停机坪区使用。斜角甲板的优点是当着舰飞机未能钩住阻拦索时可以马上复飞，因此着舰飞机的发动机一般是开到最大的，这一点是很多人容易产生误解的，因为一般都认为降落时飞机发动机应降低功率。斜角甲板的另一项优点是使得起飞与降落分离，可使舰上飞机起飞与降落同时进行，从而提高作战效率。斜角甲板从后至前又分为接挂段、滑跑段与调度段。接挂段的作用是安装阻拦索以便阻拦着舰飞机；滑跑段的作用是为着舰飞机挂上阻拦索后至停止处提供缓冲距离；调度段的作用是在此区域将停下来的飞机用牵引车拖至停机坪或起飞区。

斜角甲板最初被称为"斜向甲板"。美国海军对斜角甲板的首次评估是在1952年5月份。当时将"中途岛"号航空母舰上的直通式甲板改装为斜角甲板，该航空母舰在当时是3艘最大型的航空母舰之一。由于改装试验获得了成功，因此同年晚秋时，埃塞克斯级航空母舰"安提塔姆"号上也转而开始使用真正的斜角甲板了。

两年后的1955年2月，在"安提塔姆"号航空母舰的评估顺利通过后，军舰特性董事会（SCB）就批准了进一步的转换计划，计划批准号为SCB 27C与125，总括了下面要介绍的多艘舰艇的更改计划。"香格里拉"号航空母舰[①]是5年内18艘改制船计划的第一艘，该航空母舰改制的目标是要向斜角甲板、蒸汽弹射器以及改善阻拦系统等方向转变。海军最终于1960年3月在世界上最大的海，即位于太平洋西南部海域的珊瑚海完成了改装。

---

① 据公开资料显示，"香格里拉"号航空母舰于1951年7月在布雷默顿海军船厂进行了SCB 27C改装和SCB 125斜角甲板改装，1955年2月1日完工并重新服役，与本书此处的介绍有异。—译者注。

**小知识**：SCB 27，亦被称为 SCB-27 查理、SCB-27 阿尔法，是美国海军针对埃塞克斯级航空母舰进行一系列改装而专门下发的指示。该系统改装于 1947—1955 年间实施，目的是使得二战时期的旧航空母舰具备新式喷气式舰载机的起降能力。SCB 125 与 SCB 27 类似，区别是 SCB 125 的实施时间为 1954—1959 年间，改装目的是为航空母舰安装斜角甲板及其他先进设备，以提升舰载机的作战能力。

首艘战后级航空母舰"福莱斯特"号的设计方案中采用了直通式甲板，但在建造过程中改成了斜角甲板，并将其他早期航空母舰的改装经验合并纳入到了该航空母舰的改建过程中。在"福莱斯特"号航空母舰之后，"萨拉托加"号、"游骑兵"号、"独立"号航空母舰全部安装了蒸汽弹射器与镜面光学助降系统。镜面光学助降系统在之后升级为菲涅尔透镜助降装置（FLOLS），再之后又被升级为改进型 FLOLS。

斜角甲板的应用受到了航空母舰舰载机飞行员的广泛赞誉。海军上校杰瑞·奥罗克的一段话可能很好地表达了飞行员对斜角甲板的赞誉之情："对于一名飞行员而言，你会体验到在直通式甲板和在斜角甲板上着舰的最后几秒内，二者的感觉简直是犹如天壤之别，你很难描述这种感觉上的巨大差异。对于斜角甲板而言，飞行员总是有一点允许犯错的余地；而对于直通式甲板而言，飞行员基本上没有任何犯错的空间。若在斜角甲板上发生逃逸（着舰的舰载机未能钩住任何一根阻拦索导致着舰失败，不得不重新升空），飞行员顶多会感到尴尬而已，当你把发动机功率加到最大，往后拉操纵杆并冲向天空时，你会有一种获得'重生'的喜悦。而在直通式甲板上发生逃逸，即使你有着良好的身心状态，你也会在 LSO 发出'cut'信号且你的飞机斜着撞向防冲网的一刹那，有一种世界末日来临的恐惧"。

**小知识**：喷气式舰载机着舰时通常会发生四种情况：安全着舰、复飞、逃逸与撞舰。其中，逃逸是指飞机已接触甲板，但降落失败，这时飞行员

> 须于甲板着舰区加速滑跑并重新升空，此时若引擎加速性能不足很容易造成二次升空失败。复飞与逃逸区别不大，区别仅在于复飞是指飞机未接触到甲板而直接二次升空。

正如奥罗克上校所描述的那样，从飞行员的观点看，斜角甲板的最大优势在于当航空母舰阻拦索无论因何原因未能钩住着舰舰载机的阻拦钩时，飞行员只需要加大油门从斜角甲板上再次起飞，并重新进入着舰模式就可以了。相对于直通式甲板而言，这种方式在安全性上有了很大提高。

直觉上想一想，在应用斜角甲板的这些年里，航空母舰着舰的安全记录应当有所改善才对。表6.1中的数据取自更新后的CNO报告，表中的数据表明安全记录确实改善了，但改善的幅度很小。除1956财年外，应用斜角甲板的改装航空母舰与应用直通甲板的航空母舰之间，其安全事故的记录并无太大区别。这种现象的原因在于1956年有一艘斜角甲板的CVL（轻型航空母舰）和一艘CVE（护航航空母舰）混杂在统计数据当中，且在1957年有一艘CVL没有起降过喷气式舰载机，这些因素都让表6.1中的数据稍微有些复杂化。另外，并非所有事故都是由喷气式舰载机引起的，而且所有类型的航空母舰在同时期也会起降各种螺旋桨式飞机与直升机。这些都导致了表6.1中斜角甲板与直通甲板在安全事故记录方面的差别并不明显。

表6.1 航空母舰事故对比

|  | 1956财年 | 1957财年 | 1958财年 |
|---|---|---|---|
| 海军所有事故数量 | 1456 | 1298 | 1106 |
| 舰载机着舰总次数 | 138344 | 160797 | 145719 |
| 所有航空母舰事故次数 | 245 | 211 | 148 |
| 航空母舰事故率 | 0.18 | 0.13 | 0.10 |

(续)

|  | 1956 财年 | 1957 财年 | 1958 财年 |
|---|---|---|---|
| 斜角甲板着舰总次数 | 38357 | 104783 | 123846 |
| 所有斜角甲板事故数量 | 50 | 146 | 124 |
| 斜角甲板事故率 | 0.13 | 0.14 | 0.10 |
| 直通甲板着舰总次数 | 99987 | 56014 | 21873 |
| 直通甲板事故次数 | 195 | 65 | 24 |
| 直通甲板事故率 | 0.20 | 0.11 | 0.11 |

不管事故率有无改进，整个舰队中从初级飞行员到舰队司令都热情地接受了直通式甲板向斜角甲板的转变，他们的感受与奥罗克上校的描述差不多。更重要的是，随着航空母舰上对高性能舰载机配备数量的需求越来越多，且随着夜间飞行与全天候飞行成为常态，飞行当事人员都相信他们几乎不会再回到直通式甲板上飞行了，而且也没有必要再去讨论这个话题了。这种对斜角甲板的情绪反应很难通过统计得出确定的数量级，而且不管怎样都不能说斜角甲板及其相关革新是导致飞行事故大幅降低的唯一原因。毕竟，海军除了航空母舰事故外还存在很多其他类型的事故。如表 6-1 所列，航空母舰事故只占事故总量的 16%，基于如此比例推不出上面的结论。还应注意的是，对于斜角甲板与直通式甲板而言，并非所有事故都发生在着舰阶段。弹射器发射失败导致飞机损毁与重大舰载机牵引事故也都包含在事故率的统计之中，但在数据中的占比也并不突出。因此必定还存在其他因素对海军与海军陆战队的飞行变得更加安全这一事实有所贡献。事实上，尽管斜角甲板确实提高了安全边际，但斜角甲板对作战效能带来的影响要在安全效能之上。

弹射器也是本书舰载机——航空母舰安全故事的一部分。海军飞机在 1912 年首次应用了弹射器设备。弹射器的动力源有重力式（沿钢缆下滑）（即势能弹射器，通过升降机等手段将舰载机运至坡顶，舰载机在重力及自身发动机推力的合力下加速起飞）、压缩空气式、火药式与液压传动式①。在近现代，巡洋舰与战列舰上弹射器的动力源几乎都是火药式，而同时期的航空母舰上则是液压传动式。在二战期间，从甲板上滑跃起飞，即仅依靠舰载机自身的动力加速起飞，是舰载机在较大型航空母舰上起飞的标准模式。在较小型航空母舰上，由于飞行甲板空间不足，有时首架舰载机要依靠弹射助飞，这样后序舰载机就有更大的空间滑跃起飞了，但只要甲板空间够大，甲板上风速合适，飞行员们都会选择滑跃起飞。二战结束后，由于飞机重量变大，越来越多的舰载机需要依靠弹射起飞，但滑跃起飞仍会被优先选择。

诸如 FH-1 鬼怪战斗机等海军较早期的喷气式舰载机都采用了滑跃起飞方式，但这几乎使用了 CVB 的整个飞行甲板长度。CVB 是一种中途岛级的重型航空母舰。为了达到更高的弹射效率，舰上已有的液压弹射器被尽可能地增强了，而且还安装了喷流偏向板。由于新型喷气式舰载机，特别是大型的新式喷气舰载机已处于设计阶段，海军不得不设计一款功率更大的弹射器。对于液压式弹射器而言，要想弹射这种更新也更重的喷气式舰载机（级别要达到且包括道格拉斯 A-3 空中战士舰载机的水准），就必须要有更大的体积、占用更多的甲板空间。考虑到液压式弹射器即使对于 CVB 而言也显示有些过大，因此设计师们曾短暂考虑过蒸汽式弹射器的可行性。尽管后来的经验表明以下想法是错误的，但人们曾一度认为蒸汽弹射器会对航空母舰的蒸汽推进装置造成致命性危害。后来又短暂地考虑过电动式与电磁式弹射器，但也在早期就被否决了，理由是航空母舰上的供电能力并不足以满足弹射需求。最后，设计师们决定使用火药式弹射器。事实上，"美国"号航空母舰的设计思路里就包含了火药式弹射器。然而这种方法也不是没有缺点。火药式弹射器不仅比液压式更危险，而且储存足够多的火药以备整个航程使用也已超过了最优化设计的弹药库容限，同时还会带来第一等级的后

---

① 除此之外，航空母舰上的弹射器类型还有早期的飞轮式与火箭助推式弹射器，当今常见的蒸汽弹射器，以及当前正大力发展的电磁弹射器。——译者注。

勤保障问题。

因此，朝鲜战争中使用的喷气式战斗机，型号大多为 F9F 黑豹战斗机与 F2H 女妖战斗机，这些舰载机从航空母舰上起飞时都是利用液压弹射器弹射助飞的，模式与二战时期非常相似，差别只是在某些方面有所改进与加强而已。人们对液压式弹射器在弹射时带给飞机和飞行员的那种天翻地覆的感觉一直以来都是有所预估的，但即便如此那种颠簸感仍会令人感到大为惊讶。一旦飞上天空，飞行员在收回起落架后的第一件事便是"释放他的眼球①"。

弹射器确实也存在一些故障事件，甚至还会发生使得飞机与飞行员落入了海中的"冷射"故障。下面这段话引自大西洋舰队司令给海军航空局的一封信，这段话对我们理解新型喷气式舰载机与旧有弹射器之间的那种不匹配状态很有启发意义：作为负载而言，当前正在列装服役的新型舰载机对于航空母舰和弹射器而言显得过重了（见图 6.1）。这迫使我们的作业极限达到了近乎最大值，且作业时每架喷气式舰载机的安全因素也降低了。因而麻烦的根源并不难解释。然而，为了完成任务弹射器必须要运转下去，而且由于搭载现代化空中联队的航空母舰在没有弹射器时往往会显得束手无策，因而弹射器的运转还必须要成功。我并不认为当前的这种状况是对的，但这就是事实。因此应当密切关注所有的弹射器故障，并且在故障出现苗头时就要采取正确的措施解决它，这是十分必要的。

虽然上文并未提及，但长远来看更重要的一点是，现有的弹射器对于助飞较大型的舰载机已是力不从心，例如对于当时尚处于研制测试阶段的 A-3 空中战士便是如此。面对这一困境，英国皇家海军又一次前来救场了。在 1954 年 5 月，美国海军航空母舰"汉考克"号首次装配了由英国人开发的蒸汽弹射器。由于在"汉考克"号航空母舰上的操作

---

① 这是一种关于旧式陀螺地平仪的一种修辞。在超强度的机动飞行期间，这种陀螺地平仪会发生翻滚，为了使其恢复到正常操作状态，飞行员会将它"关起来"，即将它锁定。一旦飞机回归到正常的平直飞行，飞行员会再把它释放出来。

图 6.1 弯刀舰载机正从航空母舰上弹射起飞
(资料来源：海军历史与遗产司令部)

十分成功，所以到 1957 年 5 月时，"富兰克林·D. 罗斯福"号航空母舰与其他 6 艘埃塞克斯级航空母舰上也都安装了蒸汽弹射器。"中途岛"号、"奥里斯卡尼"号与"珊瑚海"号航空母舰上也相继安装了蒸汽弹射器。同时"福莱斯特"号与所有后续新建的航空母舰在其建造过程中便采用了蒸汽弹射器。因此，截止到 1960 年 3 月，蒸汽弹射器已应用在了所有 14 艘攻击型航空母舰上（包括 4 艘福莱斯特级，3 艘中途岛级，7 艘现代化的埃塞克斯级），以及 10 艘反潜航空母舰（CVS）上。

**小知识**：A-3 空中战士是一种舰载重型攻击/轰炸机，该机 1950 年开始研制，1952 年试飞成功，1953 年定型并列装服役，在美国海军北极星导弹核潜艇服役之前，该机一直是美国海军核打击的主要力量。

然而这些努力并没有完全解决困扰已久的舰载机弹射问题，特别对喷气式舰载机而言更是如此，解决这一问题还要花费很长时间。这一问题一直持续到了 20 世纪 60 年代及以后，但弹射器本身的问题已经很少了。出现问题更多的是舰载机系固至弹射器上的索具不适当，或副油箱失衡、不满等燃油管理不善的问题。由蒸汽弹射器本身所导致的故障可以忽略不计了。

之后，与斜角甲板、蒸汽弹射器同时出现的还有镜面光学助降系统（见图 6.2），这也是英国人的一项发明。在应用镜面光学助降系统之前，着舰的飞机要在一个相对较低的高度飞行，且进场方式要沿一条固定的弧线逐步下降并转向，当 LSO 发出"cut"信号时，飞机距离舰尾飞行甲板的高度要求仅有 10~15ft（见第 1 章）。如果飞行员在"cut"信号后没能执行正确的着舰操作动作，使得机头稍有点低且降落姿态外倾的话，那么飞机要么会撞向停机坪（舰尾，飞行甲板的钝圆末端），要么会漂滑至防冲网。使用镜面光学助降系统后，着舰进场的飞行高度要求要比原先高得多，从原先的 125ft 提高到现在的 800ft，飞机转向着舰航向时可平稳下降至距舰尾 400ft 的飞行高度，然后再以固定的迎角直线平稳下降。下降时使用镜面中的"球状"光影代替 LSO 的旗语作为飞行下降时滑翔斜率的提示，飞行员保持发动机开机直到飞机成功着舰，期间飞机油门开至最大以备发生逃逸。舰载机着舰时将油门开至最大是为了防止着舰不成功、飞机需逃逸或复飞时失去动力导致二次起飞失败。

> **小知识**：镜面光学助降系统于 1952 年时由英国人古德哈特首先发明，但在 20 年代时日本人已在"凤翔"号航空母舰上使用过原始的光学助降。海上飞行环境复杂，着舰飞行员要在较短时间内依靠目视控制下滑偏差、迎角、航速和高度，可想而知着舰时的安全可靠性较低。光学信号是最直观快速的引导方式，尤其是在通讯受到干扰、夜间参照物难以辨别的情况下，光学助降系统可为飞行员提供下滑偏差的早期预测信息，从而保证着舰更加安全。

为什么要用镜面光学助降系统？这是因为航空母舰舰载机降落时，容易因距离过短而导致降落不下来，甚至是撞到航空母舰尾部，或是因过高而落不到飞行甲板的着舰点上，从而导致冲出甲板掉到海里。为保证着舰安全，必须采取一些措施帮助飞行员观察并降落。最初使用的是光学助降镜，它实际上就是一面巨大的反射镜，设在斜角甲板一侧，依靠舰尾专门设置的光源照射到反射镜上，然后通过反射镜再按一定角度反射至空中，这样就形成了一个光的下滑坡面。飞行员在操纵飞机降落时，可沿这个光的坡面下滑，并根据飞机在反射镜中的位置来修正误差。

在镜面光学助降系统下的降落过程如下：

(1) 舰载机从舰尾方向进入，在距舰尾3700m（2n mile）左右，飞行高度450m上，以550~650km/h的速度从航空母舰右舷通过。

(2) 在飞行速度达到220~280km/h时放下起落架和襟翼，并做180°转弯，由航空母舰左舷通过。

(3) 在距离舰尾1850m（1n mile）左右时，做180°转弯，对准航空母舰飞行甲板跑道，在转弯过程的最后45°且距离舰尾900m左右（约0.5n mile）时，借助镜面光学助降系统的引导沿标定的下滑通道着舰。

图6.2　镜面光学助降

（资料来源：海军历史与遗产司令部）

在舰载机着舰前保持发动机开机并将油门推至最大的做法对于较早期的喷气式飞机而言特别有利，因为它们的发动机加速性能较低。这样做可以缩短发动机的加速时间，以避免舰载机着舰失败后因加速性能不佳而无法再次起飞。另外，应用镜面光学助降系统后，尾钩—停机坪所要求距离变得更大了，着舰开始前所要求的飞行高度也增加了，下降角度也略微变陡了，这些变化所带来的优势要比之前更大更明显。"尾钩—停机坪"指的是舰载机制动钩的尾梢与着舰飞机在降落阶段时飞越舰尾甲板末端处的那块甲板区域之间的垂直距离，该距离越大，所允许的下滑斜率的误差限度就越宽泛。二者的这种关系也会随着舰载机的类型、甚至是航空母舰的类型而有所变化。与27C标准的航空母舰相比，CVB级与福莱斯特级航空母舰可允许的尾钩—停机坪间隙要更大。无论如何，尾钩—停机坪的距离越大，着舰飞机撞到停机坪的可能性就越低。尽管这种更优雅的进场方式改善了着舰成功率（指复飞的发生次数少了），特别是在夜间着舰时更是如此，但没有确凿的证据表明事故率因此而改善了（尽管存在一些这方面的传言）。

有意思的是，当镜面光学助降系统首次应用时，舰队工作人员对该系统极不信任。事实上，在早期阶段，飞行员被要求首先要听从LSO的引导，后来才被允许遵照镜面光学助降系统的引导。在一些航空母舰上，当着舰条件为夜间着舰或在倾斜的甲板上着舰时，飞行员被要求只能使用LSO引导方式。但这种对该系统的不信任态度很快就烟消云散了，特别是当更可靠的镜面菲涅尔透镜出现后更是如此。

另一项问题涉及夜间照明。据经历过的人说："整个舰艇的灯光设置在最初阶段是非常糟糕的……照明系统的设计更像是为了迷惑二战时期的潜艇攻击而不是为了帮助舰载机着舰"。在一系列其他类型的问题中，20世纪50年代早期的那种中心线灯是出了名的不可靠。传统的观点认为，照明灯要做到最小，原因有两点：一是避免被敌人目视察觉，二是为了方便夜视仪使用。因此从飞行准备室到通往飞行甲板的走廊再到飞行甲板的这条通道上，统统只能使用红色灯，而且红色灯的数量也很少。夜间仅使用红色手电筒对停泊在飞行甲板上的舰载机进行飞行前检查是一件相当冒险的事。这种灯光设置对机组人员、机长、飞行指挥官都造成了一定的影响。后来，随着司令官们意识到敌人探测搜索目标首先使用的是雷达和声呐后，事情才开始稍有好转。首先出现的是"簸箕"灯，最终还是决定使用白色照明灯。"这真是异端！"老前辈们大叫道。然而根据海军安全中心的调查显示，"在使用白色照明灯前后这段时间里，夜间的飞行事故率/性能等级（逃逸率）在统计上并无差别……人们一致同意使用白色照明灯是为了满足其他方面的重要需求，即为了提高飞行员、甲板工作人员以及其他相关工作人员的作业舒适度与作业效率"。换句话说，当白色照明灯在舰艇上使用之后，空勤人员、飞行甲板上的工作人员以及维修人员都变得开心了很多，而且工作也更有效率了。

除了灯光照明外，当时使用越来越多的摄影技术对飞行也很有帮助。长期以来，为进行事故调查，以及为提高作战性能而对飞行员与LSO进行的关于着舰事项的访谈就使用了静态摄影与16mm镜头电影摄影，以方便记录着舰的相关信息。然而这种摄影技术的使用范围有限。在大风与繁忙的飞行甲板上使用手持型摄影机是相当困难的一项工作，晚上光照条件不好时更是无法使用。为改善拍摄能力，一种带有照相枪[①]类型的胶片暗盒式照相机被安装在了航空母舰舰岛的右舷处，以便能将舰载机、LSO与甲板都拍摄进来。当着舰飞机位于进场位置90°时系统开始拍摄，并持续拍摄到飞机被"捕获"（飞机制动钩钩住阻拦索并安全降落在甲板上）或飞机复飞为止。该拍摄系统有它的局限性，但拍摄的影片却帮助了飞行员与LSO。

当镜面光学助降系统出现之后，摄像机被移到了镜面光学助降系统的上方位置。对于镜面进场方式下变得更长的直通路线而言，该摄像机工作的极为出色。之后，电视技术出现在了航空母舰上，人们开发并安

---

① 照相枪是一种用于军用飞机上的用来记录射击效果和战绩的小型电影摄像机。

装了一种飞行员着陆辅助电视（PLAT）系统。该系统配备了3台摄像机：一台摄像机嵌入到了着舰区的中心线上；一台安装在舰岛上；最后一台用于记录SPN-12（相对速度）、甲板上的风速以及其他数据。首台PLAT系统于1961年末安装在了"珊瑚海"号航空母舰上，之后被快速推广至所有其他航空母舰上使用。该系统不仅被用于记录每次着舰过程，以便事故调查或险情调查或LSO访谈，而且该系统也被很快地应用到了每个飞行准备室、航空母舰空管中心，甚至是综合船桥系统中。这样所有人都能看到每架舰载机、每名飞行员的着舰过程。

> **小知识**：综合船桥系统是一种起源于20世纪70年代的海上自动航行系统，该系统将船上各种导航系统、船舶操控系统与雷达避碰系统通过总线结合起来，实现船舶自动、安全且经济地航行。

在镜面光学助降系统的后续革新与更新换代的进程中，工程师们抛弃了凹面镜，取而代之的是菲涅尔透镜，并使用了新的光源与一种新的稳固系统。该稳固系统能够抵消掉影响航空母舰稳固的因素，缓和恶劣天气时航空母舰横摇与纵摇带来的显著影响。但是再一次的，这些进步性的革新对操作效率方面的提高要多于对安全方面的提高。

除了上面介绍的这些改进之外，还有一种从表面上看对航空母舰舰载机着舰有潜在提高性的系统——自动进场系统。多年以来，人们一直在尝试设计一种机载系统，以使得该系统可以引导飞行员进场并着陆，有时甚至是不再需要飞行员操控飞机。20世纪50年代早期，人们发明了一种"耦合器"，该耦合器可以使飞机固定在下滑跑道上。该设备被开发并应用在了运输机上。之后经过海军航空局工程师们的集中研发，一架F3D空中骑士舰载机在"安提耶坦"号航空母舰上完成了一次一级模式的着舰（完全自动化着舰）。接下来，提供自动着陆功能的系统，即SPN-10，被安装于航空母舰上与所挑选的一些海军飞机场中。带有SPN-10及其后续系统的舰载机自动着舰系统（ACLS）共有3级模式：一级模式（自动的，与飞机自动驾驶仪相连）；二级模式（半自动的，带有驾驶舱信号显示但飞机仍由飞行员操控）；三级模式（手动或精密无线电引降）。

人们会认为 ACLS 将能够极大地减少舰载机在航空母舰着舰时的事故率，尤其是一级模式与二级模式更是如此。然而人们却普遍不愿使用 ACLS，他们的观点是飞行员必须掌握并保持手动着舰的技巧，而 ACLS 不允许这样做。还有一个以前以及现在都存在的观点，即飞行员依赖 ACLS 会因缺乏实操而导致精细运动技能的退化。有趣的是，关于自动油门却很少出现这样的观点。尽管如此，由于这些观点的流行，人们在当时没有意识到 ACLS 对于舰载机回收（即更少的复飞与更多次的着舰成功）更加高效的潜在优势。另一方面，尽管 ACLS 在操作安全性上的影响是很小的、无形的，且大多是心理上的，但 ACLS 的实用性使得该系统确实能够在阴天或雷暴夜晚的飞行环境中一展身手。

因此，看起来 50 年代时人们对航空母舰配置上的几种改进措施并没有对安全性能产生太大影响，改进措施的效果主要体现在了作战效能上。真要说起来，实际上这些改进措施对安全方面的影响倒也不是很小，但要说在安全方面带来了戏剧性的提高，统计数据也明显不会支持这一说法。相反，人们可能得出一个合理的结论，即福莱斯特级及其后续级别的更大型航空母舰的出现对于安全方面的影响要多于斜角甲板等因素。与此同时，性能更高的大型喷气式舰载机的出现为埃塞克斯级航空母舰及其衍生型航空母舰带来了新的操作上的问题。但这些操作上问题的解决似乎更多的是依靠操作技术上的调整适应而非航空母舰的改良。航空母舰改良所针对的问题是增强夜间与全天候飞行时的作战能力，当然这种能力并不包括最恶劣海况与质量最重、性能最高的喷气式战机在内。

今天我们见证到了这些努力所带来的成果，它们在提高安全性能上的成果要少一些，更多的是提高了舰队的战备完好性。这些提高满足了各方面的挑战需求，为美国及其遍布世界的盟友提供了支持。这是一个值得不断讲述的传奇。

# 第 7 章

# 喷气式战机与航空母舰之外的改善

通常情况下，人们会将 20 世纪 50 年代早期那居高不下的事故率主要归咎到引入喷气式战机这件事上，但人们也应注意到其他类型的飞机对于事故的发生也占有一定的比重。请看以下数据：P2V 海王星陆基海上巡逻机在 1958 年以前的事故率没有少于过每 10 万飞行小时 10 次事故；S2 追踪者的事故率居高徘徊在每 10 万飞行小时 30 次；T28 特洛伊双座单发教练机是海军与海军陆战队主要的初级教练机，其事故率从未低于过每 10 万飞行小时 46 次事故。在 1953 年 7 月 17 日之后，其他类型的飞机，不管是不是航空母舰舰载机，都在事故率上占有一定的比例。1953 年 7 月 17 日发生了一起飞行事故，一架 R4Q 飞行车厢运输机在从海军航空站怀特菲尔德起飞时坠毁，第 8 章中会详细描述该事故。在 1955 年 3 月 22 日，一架 R6D 举重霸王运输机①撞到了欧胡岛的巴利，造成 63 人死亡。1956 年 10 月 11 日，另一架 R6D 在大西洋上空失联，机上 59 人失踪。之后在 1960 年 2 月 25 日，仍然是一架 R6D 与一架阿根廷 DC-3 运输机在巴西里约热内卢棒壮山附近发生空中相撞事故，事故共造成 38 名美国乘员死亡，同时还造成机上 26 名巴西乘客与机组人员死亡。随着在部队中列装服役的直升机数量越来越多，直升机导致的事故在事故总数中也占了很高的比例。因此，事故率居高不下的原因不能全推到喷气式战机上。虽然降低这样的事故高发状态并不容易，但到 50

---

① 该机型在美国空军的编号为 C-118。

年代末期时，由于几项重大革新的采用，事故发生次数已经开始下降了。

> **小知识**：海军航空站怀特菲尔德是美国海军的一个基地，基地位置在佛罗里达州圣罗萨县首府米尔顿市附近，是美国海军两大飞行员训练基地之一，另一基地位于德克萨斯州的科珀斯克里斯蒂。

> **小知识**：欧胡岛是夏威夷群岛的主岛，巴利在夏威夷语中的意思是"悬崖"，这座陡崖也是一处著名景点。

1957年4月，所有指挥官及其以上级别的航空军官，其任命调配由原先海军作战副部长（主管航空）的参谋部转移到了由现在的海军人事局长负责。与海军的其他改革相比，这一体制改革非常微妙，但很快就显现出了巨大的影响力。在此之前，海军作战副部长参谋部的那些参谋们，为那些野心勃勃的指挥官们和那些"裙带关系"提供了政治活动的空间，能当多大的官有时要看你认识哪些人。这种人事安排经常会导致舰队指挥机构的人员安排与实际岗位并不相符，甚至是非常之坏，而很多事故的发生正源于此。为担当起人事安排的责任，海军人事局成立了一个半正式的筛选委员会，以鉴别那些具有指挥官潜力的候选人。这一创举将走关系的门路卡到最小，从而最大化的避免将不合格的人员安排到指挥官岗位上。取而代之的，是那些经验丰富且已证明具备领导能力的军官们，他们被优选出来担任重要位置的前线指挥官。没过多久，事故记录就反映出了这项改革的效果。

> **小知识**：海军人事局长（CNP）是海军人事局最高长官，负责整个美国海军的人力资源工作，CNP同时也兼任海军作战副部长。该职位由美国总统提名、由参议院多数通过后任命。CNP的上级机关是海军部，CNP直接向海军部长（由文职人员担任，是海军的最高行政长官）负责。

除了已被证明了的指挥官任命改革，随着更加尖端且需求量更大的飞机开始在舰队列装服役，海军对飞行员、机组人员与维修人员相关训练的要求也更加彻底了。那种"告诉我怎么启动飞机我就能驾驶它飞上天"的态度,以及按照老班长的"随身手册"执行维修任务,还有从巡检箱中取用备件的做法再也不会有了①。随着在东、西两大海岸都分别建立了阶梯训练飞行队后,问题开始得到改变了。关于阶梯训练飞行队将在第 9 章详细介绍。

> **小知识**:各海军强国在训练舰载机飞行员时都不会直接在舰上训练,而是首先在海岸边上建一座模拟舰艇飞行甲板的训练平台,然后让飞行员在该平台上训练,当训练合格后,再上舰训练。美国的阶梯训练飞行队(RAG)正是此类性质的训练单位。其中的受训人员包括海军飞行员、飞行指挥官与刚入伍的空勤人员,训练人员分为 3 种类别:飞行员新手;从一种机型到另一种机型有过飞行经验的飞行员;停飞一段时间后需重新驾机的飞行员。RAG 亦称为舰队阶梯飞行中队(FRS),除了飞行员训练外,有时还会承担机务人员训练、制定维修规程和操作章程的标准化等工作。

在一系列使得飞行安全问题好转的改革措施中,当然也包括飞行安全中心所做出的那些不懈努力,航空医学与人员因素科学的发展,更加科学有序的维修与供给保障方案,以及包括飞行发动机在内的飞机系统的稳步完善。事故率的稳定下降是这些改革举措所产生的积极效果的最好证明:事故率在 1950 年时为每 10 万飞行小时超过 53 次,1952 年达到顶峰每 10 万飞行小时接近 55 次;10 年内在 1959 年降到每 10 万飞行小时 25 次(参见附录 2),随之带来的是相同数量级的生命与财产得到了拯救与保护。尽管有服务需求的增加与作战环境的极大改变,但上述几项重要的改革举措还是成了事故率下降的主要原因。

美国在冷战、朝鲜战争及其他几次危机中都使用了海军的力量来对付敌人,在此过程中提出了提升海军规模数量与作战能力的现实需求,

---

① 第 2 章曾详细介绍过这些做法,作者在文中列出的这 3 个问题分别对应飞行人员、维修人员与备件管理人员。——译者注。

从而刺激了海军飞行员的训练保持在了持续的高速率水平上，同时也要求海军在世界各地都要保持持续不断的快速反应能力。尽管有事故率的存在，但海军航空兵仍能够保证携带各式各样的武器，包括常规武器与核武器，实施对任意地区的进攻作战能力，并能在全天候条件下完成。与此同时，技术的脚步继续前进，使得新开发的飞机种类不断增长。在1950年至1959年间，有不少于19种新机型完成了首飞。相较之下，20世纪90年代时只有区区3种新机型完成首飞。在如此之短的时间内让海军去适应如此之多的新机型，这对于降低事故率可不会带来任何帮助（参见第13章）。

由于新技术的不断注入，航空母舰保住了在海军中的核心地位，在保卫国防方面也始终处于关键位置，而且这些新技术还使得事故率不再那么突出了。同时期，海上对空监视与反潜作战对国防安全的重要性被列在了至关重要的位置，特别是当苏联开始部署越来越多的弹道导弹潜艇后更是如此。

与此同时，尽管海军航空兵要适应已来临的喷气机时代，适应重量更大的舰载机，适应日益增长的直升机作战能力，但仍完成了从一个基本上是只能在日间且良好条件下执行作战的武装集团转换到了在任意环境下都能有效作战的强大武力。而且在完成这一转换的同时还设法将重大事故的发生次数减少了一半，并因此成了一支战斗力更强的作战力量。尽管一些针对航空母舰的改进措施，例如斜角甲板、镜面光学助降系统以及可靠性更高的蒸汽弹射器等在作战能力与安全性上发挥着一定作用（参见第6章），但必须要注意到，这些先进的改进措施是在一段时期内逐步分阶段实施的，并非短时间内达成，因此其对安全性的影响有限。即便是这样，还应考虑到海军航空兵的飞机并非全由舰载机组成①。真正意义重大的方面在于引入了更加合理有效的飞行训练方案，

---

① 言外之意，一些海军所属的陆基、岸基、水上飞机的安全性并不受以上针对航空母舰舰载机改进措施的影响。——译者注。

飞机性能的稳步提高与"更易于驾驶"（能力更强了），海上及岸上设施设备的改善，从事故调查中吸取到的教训，以及从空军与商业航空同行那里借鉴并引进的系统经验与课程。

自20世纪50年代早期至60年代早期，海军航空兵的事故率减少了一半（参见附录2）。在所有可见的因素中，最主要的原因还是领导层的关注。他们在维持并提高部队战备完好性以满足国防需求的同时，对于应当采取哪些措施才能挽救生命、保护装备与财产安全做出了正确的决策。在此过程中，人事管理方面的改善以及不断进步的技术——空中的、水上的及岸上的，也为领导层提供了很多帮助。这些改进或者是借鉴自同盟、商业航空或空军同行，或者是与他们合作开发而取得的。最重要的是，所有这些都将在未来几年内为进一步的改善提供坚实的基础。后续的章节会详述这一点。

# 第 8 章

# 改良的催化剂

> 如果我们是一家公司，那么我们的产品就是安全，我们的业务就是教育，我们是否盈利要以保护生命与装备，以及提高战备完好性作为衡量标准。
>
> 海军航空安全中心 历史指令，1966 年

在 1951 年至 1958 年间海军航空兵安全方面的所有标志性事件中，在重要度上没有一个事件的意义能够超过海军航空安全中心的建立与发展。只有稍晚一些出现的海军航空训练与作战规程标准化项目（NATOPS）与阶梯训练飞行队（RAG）系统的建立可与之媲美。今天人们所看到的海军安全中心，其建立过程并非一蹴而就，其发展过程也并非一帆风顺。该机构是在倾注了全部努力，并在那些具有奉献精神的员工与外界的帮助之下，才达到今天海军航空兵那令人骄傲的安全记录的。海军安全中心是在基于过去的成果基础之上而建立的。

在二战之前及二战期间，海军航空局就努力地调查所发生的问题与事故，期望从中学习到一些经验与教训，并在合适的时机将这些经验教训传授给舰队。海军航空局还发行了一种关于事故方面的每周工作总结，并在 1917 年时创建了《海军航空兵新闻》期刊，用时事通讯的形式以大量版面普及航空兵安全教育。

在二战开始之前，所有的主要司令部都设有安全办公室，其中以海

军航空兵训练司令部的安全办公室规模最大。但太平洋舰队航空司令（ComAirPac）与大西洋舰队航空司令（ComAirLant）也设置了负责记录事故并发布指令的办公室。1943年，海军作战副部长（主管航空作战）（DCNO（Air））办公室在海军作战部长（CNO）办公室的基础之上建立。之后不久，该机构便联合海军航空局一起开始发布具有连续编号的安全公告，这些公告成为期刊 Approach 的前身，而该期刊在现如今是海军与海军陆战队内部一部广受好评的介绍航空安全的杂志。此后不久，编号为OP-05的主管航空作战的海军作战副部长便下令在所有司令部都成立航空安全委员会，并下令为每个飞行中队配备1名飞行安全指挥官。他还在自己的办公室成立了飞行安全科，科室人员包括6名作战部队军官，1名文职人员，1名航空军医。航空军医可直接向医药与外科管理局汇报，对OP-05有附加责任。为这个小型科室安排的职责是对航空安全项目进行指导与监督。之后在1950年10月，海军作战部长认识到了仪表飞行训练与资格鉴定对作战性能与飞行安全方面的影响，因而下令在航空司令部门成立永久性的仪表飞行委员会，并进一步要求所有I级海军飞行员都必须持有一个有效的仪表飞行评级。

> **小知识**：海军作战副部长分管各司的制度确立于1945年，当时的代号前缀为OP，本段中的OP-05是DCNO（Air）的编号。今天OP的代号已被替换为N，如N-00指的是海军作战部长。

然而仍有许多方面需要改进，很大程度上讲，舰队的安全工作与二战期间的水准相比已经下滑了。在二战期间，每个海军航空作战单位都有1名安全指挥官，通常由飞行指挥官担任，在当时的中队中位列第三。还会有多名负责物资安全与飞行安全的助理，并有1名航空军医在岗。还会有一本指导手册，用于开展安全项目以及在必要时启动事故调查。考虑到当时那个战火纷飞的年代，这种类型的组织机构运行得算是相当不错了，而且一直到战后都在持续运行。然而随着战后人员短缺，该组织机构中安全指挥官的任命倾向于随中队指挥官的个人好恶而定。截至20世纪50年代中期，安全指挥官通常而言已成为了作战指挥官助理（或是航空母舰飞行中队LSO）的兼职岗位，其职责仅仅是张贴悬挂安全海报，对包含类似机型在内的事故进行讲评，以及根据需要整理事故报告。

在华盛顿，由OP-05领导的飞行安全科，其主要任务是总结所有的飞行事故，探究哪项事故或是哪一类事故模式能够为人们的训练与操作规程改善提供依据，或是为装、设备的升级修订提供依据。他们还负责保存事故飞行员的个人档案，并与海军航空局在设计与材料问题上保持密切沟通。然而出版物才是这个科室的真正强项。"老爷子佩蒂伯恩"便是由飞行安全科办公室负责运营，并负责在《海军航空兵新闻》上出版的。同时，这只是由这个科室所编辑的飞行安全版面的一个组成部分，该版面还包括飞行安全公告、"呆伯特"以及失事宣传画等。该科室还会为海军航空局制作推广各种各样的技术规程。

尽管有少数精英们的这些努力，但对于海军作战部长办公室、海军航空局、训练司令部、太平洋与大西洋舰队航空司令等部门所独自做出的那些安全工作而言，如果不能对这些工作进行整合的话，也仍旧需要不断地相互协调。很显然，当时海军的整体事故率难以让人接受，而且还在不断增长。例如，在1951财年共有675架海军与海军陆战队的飞机失事，造成391名人员死亡。海军的事故率达到了每10万飞行小时54次事故。舰队的战备完好性，海军预算，以及海军与海军陆战队的形象都无法继续容忍这样的损失了。

在承认这一点后，海军作战部长召集组建了一个特别委员会，目的是回顾总结当前形势，为将来缓和目前的困境提供意见建议。该特别委员会给出了5条建议，但只有1条被采纳了，那就是：建立海军作战部长航空安全理事会。但可悲的是，在实践中该理事会似乎对航空安全并未贡献很多。仍然需要做出一些改变。接下来，就像许多大型机构在事业低谷时的通常做法一样，海军航空兵开始了合并与重组，这次的效果不错。在1951年12月1日，为了创建一个能够与所有航空部门和舰队都能有效开展工作的部门，一个新的机构，即海军航空安全活动处在弗吉尼亚州的诺福克海军航空站成立了。原先飞行安全科的大部分职责与大部分员工都被转调到该机构工作。这是唯一一家能够协调所有海军安全工作的活动机构。

> **小知识**：诺福克海军航空站位于大名鼎鼎的诺福克海军基地，该基地位于弗吉尼亚州，是美国、也是世界上最大的海军基地（没有之一）。该基地距华盛顿250km，是海军与欧洲和中央司令部进行军事行动的集散中心地，同时还是大西洋舰队的驻地，共驻有第4、6、8航空母舰大队，是5艘核动力航空母舰的母港，其码头线长达11km，共有14座码头和11个机库，可容纳75艘舰艇和134架各型飞机。本段中出现的诺福克海军航空站仅是该基地的一个站点，该航空站的任务是为大西洋舰队航空联队提供驻屯保障。据统计该航空站平均每6min就会有一架飞机起降，是一处繁忙的海军机场。

协调是可以的，但管辖就不必了——从一开始，海军航空安全活动处就没有权力要求各单位整改。事故、事件与过失通过多种媒体资源被交换共享，但由于安全问题在过去是（现如今仍是）一项指挥责任，因此从这些事故中学习安全方面的经验教训取决于前线的指挥官、飞行员与维修人员本身。如果发生了飞行事故或安全事件，该活动处会基于事故分析给出将来如何避免类似事故发生的建议。有些个人或单位采纳了这些建议，有些并没有。但是事故经验的分享与改进措施的发展对于我们稳步改善事故记录提供了必要的帮助。

在最初阶段，海军航空安全活动处的工作是在基于已有优秀成果的基础上展开的，其规章制度则沿袭了OP-05飞行安全科之前所订的那些章程。即便该机构地处诺福克，它仍然是以OP-05助理机构的角色出现。另一方面，该机构刚开始时处理的许多问题与安全方面关系不大。首先，它不是个司令部。该机构的负责人由1名指挥官级别的高级军官担任，但负责人并没有实权，也非名誉上的真正指挥官。其次，该机构位于诺福克海军航空站的偏远一角，以至于很多人看到该机构的通信地址后，会认为该机构仅是东海岸/诺福克的另一家活动机构而已。西海岸与海外的海军单位都倾向于对该机构爱答不理。最后，该机构的成员规模太小，只有区区 29 名工作人员：12 名军官、11 名现役士官、6 名文职人员。尽管是海军作战部长领导的活动小组，但它的运转却要受到海军作战副部长（主管航空）的节制。这也预示了将来要发生的事。若不考虑该机构的人员编制规模，那么早期的海军航空安全活动处更像是今天海军安全中心的海军航空理事会。该机构设有负责事故记录、安全文献以及医药安全（由 1 名航空军医负责）的部门，这些部门的功能是海军航空局与海军作战部长办公室相关功能的明确反映，是从那里转调过来的。

最初，海军航空安全活动处没有负责事故调查的部门，于是就将分析与研究部拿来凑合着用，并使用打孔卡片沿其边界按长针排序的方式进行分类。尽管使用了这种今天看来非常过时的方法，但人们仍发现了事故的趋势，并确定出了问题区域。可能更重要的一点是，在该机构中安排了 1 名空军上尉，即美国空军飞行联络官。

> **小知识**：打孔卡又称穿孔卡、霍列瑞斯式卡、IBM 卡。该卡是一块纸板，在板上预定位置利用打洞与不打洞来表示数字消息，是一种早已过时的存储器，曾应用于计算机程序与数据存储。现如今用于考试及彩券投注等用途的光学划记符号辨识卡是其变形。

> **小知识**：飞行联络官，任务角色类似于我国的地面领航员。尽管今天的飞机大多都安装有机载雷达，但机载雷达的搜索范围有限，只能看到前方一个锥形区域内的目标，无法展示全方位的空中态势，这对于空战与飞行安全是十分不利的。飞行联络官可根据地面雷达搜索信息，为飞行员提供全视角的空中引导，保证空战中处于主动或是保证飞行时的安全。

相较于海军与海军陆战队，空军所编辑的事故记录要优秀得多，并且空军的事故率一直在往好的方向发展。这样看来，或许我们海军可以从这些身穿蓝色军服的空军同行那里学到点什么。然而将空军的方案直接来个囫囵吞枣也会存在很多问题。首先，没有几个海军领导认为能从空军那里学到多少东西。事实上在海军领导层内部，特别是在高级领导层中间，普遍存在着一种观点，即认为与空军交流过多会导致海军航空兵成为空军的附庸。其次，海军内部长期存在着"执行者即领导"的传统，即上级不要去干扰具体执行任务的下级指挥官的工作（包括安全方面的工作）[1]。然而以上态度也存在一丝丝的转变。一些海军飞行员会与空军一同飞行，同时空军也有大量飞行员与海军一同飞行。更重要的是，在航空安全方面，空军的事故率要远低于海军，这是很难被忽视的。即便考虑到海、空军的飞行体制不同，例如空军不会从航空母舰上起飞，而海军与海军陆战队很少进行长航程的平直飞行，而这正是空军轰炸机与运输机常用的战术，但空军的事故记录还是要优于海军。

空军体系的基本原则是当发生事故时，由位于诺顿空军基地（AFB）的一个监察小组进行严格调查，且当认定故障与过失后通常会紧接着制订相应条例。而海军很难认同海军指挥体系之外的调查结果，更不用说由此而制定条例了。因此，海军从未采取过空军的那套办法。海军是将飞行事故作为交通事故展开全盘调查的，并以此来寻找事故原因，再根据调查结果作为纠正措施制定的依据与基础。很难忽略的一点是，位于诺顿空军基地的空军飞行安全研究理事会是由一名少将负责领导的，且是由大约190名军官、154名现役士官及155名文职人员组成的庞大机构。很显然，相较于海军与海军陆战队，空军对航空安全方面的重视程度要大得多。

---

[1] 第2章介绍过"执行者即领导"的海军传统。

> **小知识**：军用机场这一词汇在美国各军种中有所不同，空军叫空军基地，海军叫海军航空站，陆军叫着陆场，所以本段中出现的诺顿空军基地是空军的一个军用机场，与海军基地并不是一回事。诺顿空军基地位于美国加利福尼亚州贝纳迪诺市，共有 2 条跑道，一条 3682m，一条 1576m。该机场于 1942 年建立，1995 年改为军民两用，常驻部队为第 63 运输机飞行联队，另外空军审计局与空军检查与安全中心也位于此处。本段中位于 AFB 的监察小组即指的是由空军检查与安全中心派出的工作小组。

承认上述事实后，一名海军指挥官与 1953 年 7 月加入了位于诺顿的这个空军团队，这使得海、空军的信息流动增加了，对海军与海军陆战队航空兵而言这是相当有利的。接下来，在同年 7 月与 8 月发生了两起时间上紧密相连、性质上紧密相关的事件，这两起事件改变了当时及以后数年内的海军航空安全计划。第一起事件发生在 1953 年 7 月 17 日，一架海军陆战队的双引擎 R4Q 飞行车厢运输机在夜间从怀特菲尔德机场起飞时坠毁，机上 6 名机组人员中有 5 人丧生，42 名海军预备役军官训练队的见习军官中有 40 人丧生。第二起事件是海军安全活动处迎来了一位新长官：一名参加过二战、作风强硬且容忍不了任何废话的战斗机飞行员，他就是詹姆斯·H. 弗拉特利上校（见图 8.1）。当事故报告还在指挥系统内部努力还原事故经过并查找事故原因时，他便出现在了事发现场（见图 8.2）。

在他上任后不久，事故报告就被呈到了他的办公桌前。对于报告上的结论他很难相信。事故委员会的整体论断是，事故原因"待定"。然而，当你阅读这个报告时就会发现，飞行员缺乏夜航经验是显而易见的事。事实上，有充分的理由置疑是否应当安排这名飞行员担任此次夜航任务。

事故发生前，52 名见习军官在德克萨斯州科珀斯克里斯蒂海军航空站完成了他们的夏季飞行训练，正准备前往诺福克进行下一阶段的训练。海军陆战队第 35 联队安排了飞行与机组人员。从科珀斯到怀特菲

图 8.1　詹姆斯·H. 弗拉特利

（资料来源：海军历史与遗产司令部）

图 8.2　事故调查人员在事发现场

（资料来源：*Foundation* 海军航空博物馆基金会季刊）

尔德的这段飞行平安无事。怀特菲尔德位于佛罗里达州的彭萨卡拉市东北，当天是 7 月份一个晴朗的夜晚，机场上空有一些孤立的低灰雾，机场按照目视飞行规则进行作业。在加满油并提交飞行计划后，飞行员控制飞机启动、滑行、执行规定的发动机检查，并将飞机移动至31号跑道准备起飞。缺乏经验的飞行员坐在左侧驾驶位担任正驾驶员，机长坐在右侧驾驶位辅助飞行。从塔台人员的角度看，飞机在得到准许起飞的指令后执行了正常的离港动作。突然，就在飞机刚刚升空后，出现了一道火光，飞机发生下坠并于一团火焰中消失在了一片小树林里。坠机救援人员与当地消防队赶到了事发现场，发现仅有3人尚有呼吸：2名见习军官，1名海军下士导航员。根据上级指示，海军成立了一个事故委员会并对事故展开调查。

弗拉特利立即开始研究事故细节并得出了以下结论，即执行任务的飞行员不合格，因此严重缺乏监管是此次事故的重要原因。当我们在事故发生近60年后的今天再来看这篇事故报告时，任何一名指挥官都不可能对弗拉特利接下来的行动产生疑义。他尽可能地整理了事故实情，并给海军作战部长提交了一份长达64页的公文报告，报告名称为"海军航空事故预防方法综述"。这就是后来广为人知的"弗拉特利报告"。

在弗拉特利报告中，海军航空安全的现状是一幅凄凉黯淡的画面。在1953财年，每4架飞机中就有超过1架飞机被卷入事故，423人死于这些事故。该报告中描述了一些典型案例：例如，一名飞行员在未经授权的情况下做出低空掠过动作，由于误判飞行高度而一头扎进海里；再如，另一名指挥员在引导由5架飞机组成的编队穿云飞行时一头撞到了山上；又如，一架飞机在夜间海上飞行时因燃油耗尽而在水上迫降，却发现机上没带救生衣或救生筏。在2226起重大事故中，专家们认为有22%的事故能够避免（以后的分析显示这一比例更高）。报告中的9条独立结论中，对于全面改善海军航空兵的安全预防工作，作者给出了令人信服的理由。在一连串的理由中，有太多的事故本可以避免。常见的事故诱因不仅有粗心疏忽，还有指挥领导水平差，训练效果不理想或训练不足，缺乏技术知识，装备设计不良，以及操作规程不合理。为了改正这些缺陷，弗拉特利建议应成立一个专门委员会对海军航空安全计划的所有方面都进行一番彻底检查，并且该委员会应当由一名海军将级军官担任领导，"以便能够向海军作战副部长（主管航空）汇报关于哪些方案对于减少并预防飞行事故，以及改善海军体系具有明显必要性"。这一建议对于一个肩章上仅扛着 4 条杠的海军上校来说多少有点小任性，但却获得了成效。该报告的后期复审与后续行动均表明，弗拉特利报告挽救了海军航空兵。这话一点都没夸张。

> **小知识**：美国海军校、尉级军官的肩章标志为宽窄不同的金色条带，条带上面织有橙黄色长方形图案，上面镶金色五角星，并以不同数量的条带区分不同级别。其中：少尉为 1 条宽带；中尉为 1 宽 1 窄；上尉 2 条宽带；少校为 2 宽 1 窄；中校为 3 宽；上校为 4 宽。

弗拉特利在报告中提到，海军系统对于事故报告中的错误与之后的纠正显得笨拙而不够灵便。报告中提到的另一点是技术手册的修订过程很慢，而且有时修订本身就存在错误。缺乏经验丰富的监察人员，检查测试也往往并不充分。失事飞机的事故调查也倾向于极不完善。最后一项要点是，报告中影响最深远的一项内容是关于飞行中队对于更加有效地获取有用信息的现实需求。当时海军正从空军引入一些出版物资料，但飞行中队需要的是适合于他们的出版物，以便处理海军飞行中队而不是空军每天要遇到的问题。因此，报告建议增加海军航空安全印刷出版物的数量与质量。

海军航空安全活动处的声望、组织体系与工作几乎立即就开始得到了改善。主管航空的海军助理部长[①]与 OP-05 是第一批采取行动的。紧接着活动处就被授权扩大人员规模，人数增加到了 56 人，之后更是达到了 88 人。海军高层领导更加注重与任务现场、安全中心、OP-05 及海军航空局之间的信息交换，并下令要进行更优的事故调查，更有意义的事故原因分析以及事故发展趋势预测。

---

① 海军助理部长是美国海军部的文职官员。

1954年在各舰队的各飞行中队，训练司令部的各飞行中队，以及各主要航空参谋部都建立了安全指挥官这一基层职位。未来将担任安全指挥官的人员开始被送往南加州大学参加为期8个周的航空安全课程培训。学员结业后被选派到舰队的各飞行中队与航空站担任安全指挥官，并成为海军航空安全中心各个事故调查组的核心人员。

在最初阶段，这些事故调查任务组只有在受到司令部、通常是高层司令部的邀请时才会展开活动。随着时间的推移，他们的专业技能越来越熟练，他们的名声也越来越高，于是便承担起了那些造成重大生命损失，大量间接破坏，或是被新闻媒体广泛报道的热点事件的调查。现如今，由于海军航空兵的飞行事故非常之少，因此海军安全中心事故调查任务组更倾向于承担几乎所有重大事故的调查。

海军继续保持与空军的联络工作，并在此基础上做了进一步的延伸扩展，主要包括参加美国空军工业安全会议，定期向同行展示并强调海军航空作战的特殊性，为解决一些问题而寻求航空工业界与空军同行的帮助。与此同时，后续接任的指挥官、海军作战部长的代表以及海军航空局的代表也参与到诸如飞行安全基金会等其他类似的航空组织中，并定期主持或参加研讨会，举办安全委员会例会。

弗拉特利报告的重要性再怎么评价也不为过。海军上校弗拉特利的这本长篇报告开创了大半个海军安全中心，而且今天海军航空兵本身也多来源于此[1]。该报告的作者是一位有勇气、有担当且对问题直言不讳的战斗机飞行员，他并不认为他的这项工作有多么重要，他感到他的报告只是为了了解并获取事实，并将这些事实呈交给海军作战部长而已。从弗拉特利报告中直接产生的成果包括，建立了一支训练有素且专业性强的事故调查任务组，更加明晰准确的事故原因界定，安全中心人员规模的扩充，海军航空安全活动处下辖的航空安全资料室的建立等等。仅

---

[1] 作者对弗拉特利报告推崇备至。作者认为，今天美国海军航空兵在安全方面的成就，其思想来源于弗拉特利报告。——译者注。

半年后，海军航空安全活动处的主官就换成了一名海军将官，一年后就将该活动处改制成为海军航空安全中心。

出版物的重要性也在增加。特别地，正如当时的一项司令部报告中所声明的那样，"资料出版部是海军航空安全计划的主要'发声筒'"。Approach 期刊于 1955 年 7 月出版，该刊物是关于海军安全方面的主要出版物。该刊物以一种易于阅读的方式进行编辑，其目的是在向官兵介绍技术信息与官方指令时能够达到寓教于乐的效果。

对于海军作战副部长（主管航空）办公室里那些默默无闻的参谋们而言，功劳自然也应有他们的一份。因为正是他们认识到了弗拉特利报告的价值，并将该报告推荐给了当时海军的主要决策者们。很不幸的是天妒英才，海军中将弗拉特利英年早逝，海军始终没有在其有生之年认识到他的潜能。尽管如此，直到今天他的影响力仍贯穿着整个海军航空兵。

安全改进工作并没有随弗拉特利报告的呈交而终结，海军安全中心的各个继任主官，各级分管专员与参谋们确保没有让该报告束之高阁。海军安全中心的专业知识与权限稳步增长。截至 1956 年，共成立了 6 个部门，这 6 个部门分别是：出版部、事故调查部、维修保障与物资材料部、记录与统计部、航空医学部、以及分析与研究部。各部门都认真对待他们的工作，并将所完成的关于事故调查、维修保障、物资材料与统计分析以及所有类型的研究成果对外发布出去。这对于提高机组人员与维修保障人员的训练水平，改善飞机系统，改良装备与各项章程都贡献极大。在整个舰队，你能越来越多地听到人们在问："这事儿安全中心怎么说？"

自 1957 年起，除了一段短暂的断断续续的时期外，海军安全中心的所有主官都由将级军官担任。这也反映了海军安全中心的重要性越来越高。海军安全中心里那些极具奉献精神的工作人员对海军与海军陆战队的战备完好性与安全性做出了很大贡献，而这些贡献又进一步增强了海军安全中心的重要性。他们从事故调查、形势分析、为深究飞行安全计划的细节与缺陷而进行的现场调查与实地探访中总结出了成千上万条经验教训。多年以来，海军安全中心整理了大量关于"阿尼鼠"的漫画报告，并将这些报告出版在了海军安全中心的官方网站与各类印刷媒体上。这些成果也被送往各制造商，维修保障与物资供给机构，以及各级操作人员，通过这些措施来为更加安全的作战提供保障。因此，海军安全中心人员对飞行安全的几乎所有方面都做出了并持续做出了重要贡献，这些贡献包括海军航空维修保障计划，阶梯训练飞行队/舰队预备中队方案，NATOPS，飞行中队安全计划，以及系统安全设计的引入。

　　航空医学的重要性于 1968 年 1 月被人们所承认，当时的海军安全中心被医药管理局（BuMed）选中作为太空居住计划的一个训练基地。该计划由位于彭萨卡拉的海军航空航天医学院负责，计划居住期共 3 年，海军安全中心承担其中半年期的训练任务。

　　海军扩大了与其他安全机构的联系，并得到了更多的关注。海军与空军、陆军、国家运输安全委员会、联邦航空局（FAA）、NASA、飞行安全基金会建立了定期联络机制。在定期举办的研讨会与交流会上，人们交换了很多极有价值的信息，其中很多信息都是由海军安全中心编辑并提供的。已取得的经验教训也在海军安全中心的几大刊物上得到了分享，并被应用到海军航空安全训练与安全监管当中。

　　在 NATOPS（参见第 9 章）出现后不久，安全工作便与 NATOPS 项目结合在了一起，而且海军航空安全状况的水平也因此提升到了更高的程度。这一成果的取得很大程度上要归功于采用了正规的教育，这是一项在海军存在已久的观念。从一开始，海军安全中心便存在一条办事理念，即避免事故的最佳方法就是教育。因此海军安全中心推出了多种出版物，以推广研讨会成果，并在适当时机下发通报。这些资料与数据的取得，是在对各类报道、委托、设备不合格报告、调查以及私下交流等成果的汇总与分析基础之上得到的。然而，一些最有价值的经验教训是通过对事故的彻底调查与分析才获得的。

　　从一开始，事故调查的责任就由飞机报告托管人承担，时至今日依然如此。然而，海军安全中心长期设有一个由事故调查专家组成的调查小组，他们随时准备在接到报告托管人的请求后加入事故调查，或是对于特别重大的事故（例如大量人员伤亡、新型飞机损毁，或是涉及多家托管人的事故，例如涉及空军、民航或其他形式财产的托管人），该调查小组则会自动具备调查权限而加入事故调查。正常情况下，海军安全中心调查小组的专家们并不是报告托管人事故委员会的成员，但仍会与该委员会展开密切合作。通过参与这些事故调查，自各级指挥系统到海军安全中心形成了飞机事故报告，再通过对这些飞机事故报告进行汇总分析，海军安全中心掌握了很多经验知识，根据这些经验知识再对需要更改的飞行规程或维修章程进行修订，并将其反馈给飞机制造商。这样的一套体系多年来一直运转良好。

这一体系之所以能够运转如此良好，原因有两个。首先是事故调查的目的不是为了评估问责，而是为了获取知识，以免类似事故再次发生。这一观念已被普遍接受。第二个原因是事故的调查过程不会有海军部司法系统的参与，亦不会由他们主导。具体地讲，事故调查过程中的证人证言享有"特权"，即所有事故调查的结果、结论、证据或证词都不会被用于任何形式的诉讼程序。1959年9月版的《军事审判员日报》上的一段话清晰地申明了这一点：事故调查的特权地位植根于当前长期存在的海军法规、指令与法令。事故调查员、证人以及任何卷入事故中的人员都被法律保护并免于任何形式的起诉与反控，而不管他们曾针对飞行事故做过什么或说过什么。只有这样，调查员与各级指挥系统才能从那些造成具体事故的所有可用证据中推出事故原因，并能够基于这些证据提出改进措施。另一方面，确实可能存在一些事项导致了事故发生，或是在事故期间的一些不当做法应当被诉诸法律或接受纪律处分，这是毋庸置疑的。但这并不是飞行事故报告与调查员应考虑的事务。相反，在情况允许时应根据《军事法庭手册》另外成立一个单独的司法侦办程序。在这个司法侦办过程中，证人被告知他们的权利，发表证人誓言，并根据办案结果给予相关责任人以相应处罚。很多情况下，这种双轨制的调查机制对于从已发飞行事故中尽可能全面地获取经验教训至关重要，并可凭此为人员训练、操作规程与装备等有关方面的改进措施指明方向，并为改善海军与海军陆战队的事故率提供便利。

这种做法给予了证人与调查员同等的机会可以无需担责而能够畅所欲言地探讨事故的发生原因，并基于所分析的原因采取对应的改进措施，而无需担心因此会遭到报复或惩罚。这样人们就能最大限度地总结经验教训，并能将这些经验教训反馈给最需要的人与机构，以最大限度地避免事故发生。

当然，除了航空安全学院以及通过事故调查而总结出版的各类刊物及媒体外，还取得了很多其他方面的成果。早期人们就意识到了这些成果远远不够，于是人们做了很多努力。通过会议的方式进行拓展会提供一些帮助，也确实提供了帮助。另一种方法是不管发生了什么事，都将相关信息直接通报给各舰队的上至司令部下至各飞行中队。一开始时存在一种观念，即认为各单位对于很多事故信息的上传下达与组织学习是一种指令强迫性的，但当认识到海军安全中心的职责是教育而不是通过指令强迫下级单位，这一错误观念便被纠正了。一种主要的教育方法是安全调查法。一开始时，安全调查法与海军的通常做法大相径庭。这是一种"白帽"访问法，过去是，现在也是。这种调查法的具体实施过程包括，应单位请求在同行间进行检查，检查内容无须事先准备。被检查人员甚至都不会知道他们的得分，除非指挥官选择告诉他们。这是一种本着"我们是为了帮助大家提高"的目的而进行的一种坦率且出于善意的教育方法，不带任何附加条件，不会有也不允许有任何反控。在经历了最初阶段的质疑期后，安全调查法被证明是已发明的事故预防策略中最流行且最有效的方法之一。它是被指挥官使用最多且最受其赏识的一种方法。

> **小知识：** 在美国西部电影中好人戴白帽子，坏人戴黑帽子。白帽访问，意为本着好心的目的进行查访。

在 1968 年 5 月，上级安排由海军航空安全中心负责水面舰艇与潜水艇的安全计划，由于负责范围的扩大，此时"海军航空安全中心"中的"航空"二字从标题中去掉变成了"海军安全中心"。海军安全中心的规模扩大到了接近 300 人，差不多是一半现役军人一半政府文职人员。事故调查部与航空医学部仍为航空理事会的组成部门，但之前的出版部与统计部成了规模更大的海军安全中心的一部分。这种改变所导致的一个结果是，数据收集与数据分析在诸如机动车辆安全、8 小时之外与娱乐休闲安全、系统安全与行业安全等方面的应用大大加强了。出版刊物由媒体与市场理事会负责，其产品仍是海军安全中心的强项。在 1969 年 8 月份，海军安全中心汇报称，其部下辖的 9 种不同类型的期刊、《时事通讯》与《总结概要》是由他们亲自出版并自动发放给各舰队及各海岸部队的。为了与时俱进，纸质印刷媒体在现如今已经很少使用了，老一代所熟知的几种出版刊物也已停刊了，其中比较著名的有《每周摘要》。然而，信息交流并未因此而减少，纸质印刷媒体的作用已更多地被电子出版物所取代。电子产品是今天海军与海军陆战队广大官兵的新选择。

海军安全中心的组织架构被重组了，其职责权限也更宽了。但尽管如此，原海军航空安全中心的那些传统业务仍在继续，且如今又增加了处理作战风险管理（ORM）、文化氛围营造、鸟击危害与兽击危害（BASH）的业务以及其他方面的业务。能力、效率以及向舰队提供服务的水平继续得到改善与提高。飞行事故变成了罕见的例外而不再是常态，与 20 世纪 50 年代相比，事故率与人员、装备损失等方面的下降程度着实是让人惊讶的。海军安全中心对舰队战备完好性方面的贡献是多方面的。那些创立海军安全中心的前辈们，以及那些与海军安全中心共同努力的业界人士们，他们为拯救人员与装备提供了切实的帮助，并为战备完好性做出了重要的贡献。今天，海军安全中心备受推崇，其影响力只有那些具有先见之明的人们才能想象得到。他们的产品确实是安全，"他们的业务是教育，他们是否盈利是以保护生命与装备，以及提高战备完好性作为衡量标准。"

# 第 9 章

# 令人惊奇的 6 年

RAG 方案，NATOPS 及其他

从 1958 年初到 1963 年末，海军与海军陆战队在海军航空兵安全方面取得了极其显著的成就。在这短短的 6 年间，一些舰队历史上最难驾驭的飞机密集地在舰队列装服役，这些飞机包括绰号"十字军战士"的 F-8 战斗机，由麦克唐纳公司生产的舰载拦截机 F3H 恶魔战斗机，由道格拉斯公司生产的单座单发三角翼超声速喷气式舰载战斗机 F-6 天光战斗机，F11F-1 虎式舰载战斗机，F-4 鬼怪战斗机，绰号"民团团员"的 A-5 攻击机，A-3 空中战士攻击机。尽管如此，这 6 年间整个美国海军的重大事故率降低了超过一半，其下降趋势甚至一直持续到了 20 世纪末。这 6 年间创建了一种被称为"战备性等级"体系的阶梯训练飞行队（RAG）训练模式，建立了海军航空训练与作战规程标准化项目（NATOPS），改善了人事选拔调任体系，建立了一个响应速度更加及时的维修保障与物资供给系统，另外还进行了其他方面的一些改变。上述这些方面中的部分内容相互间关系紧密，因此需要合在一起介绍。

> **小知识**：F-8 战斗机是 20 世纪 50 年代中期美国沃特公司为美国海军研制的一款舰载超声速战斗机，该机是美国海军第一架超声速舰载机，也是最后一架以机炮为主要武器的海军战斗机，亦是最后一架舰载单发战斗机。

F11F-1 虎式舰载战斗机由格鲁曼公司研制生产,在海军的服役时间很短,也从未在战争中对敌机开过火,但该机的飞行表演曾在 20 世纪 60 年代时震撼了数百万人。

F-4 鬼怪战斗机是由麦克唐纳·道格拉斯公司生产的一型双座双发全天候远程超声速防空截击机,是二代机的典型代表,是美国海军在六七十年代的主力战斗机。另外,麦克唐纳公司在 1939 年由詹姆斯·麦克唐纳创办,1967 年兼并道格拉斯公司,称为麦克唐纳·道格拉斯公司,之后又于 1997 年与波音公司合并。

A-5 攻击机是由美国北美航空公司生产的后掠翼超声速双座双发全天候重型舰载攻击机,是美国海军最大最重的舰载机之一,最初时用于核攻击机,后来用于战术侦察与战果确认任务。

A-3 空中战士攻击机是由道格拉斯公司生产的一型舰载攻击/轰炸机,在海军北极星导弹核潜艇服役前,A-3 一直是美国海军核打击能力的主要投放力量,该机服役时间长达 40 年之久,在美国海军舰载机中占有重要地位。

正如我们在前几章所见到的那样,海军航空兵的事故发生次数在 20 世纪 50 年代中期时呈现出逐步改善的趋势。训练、安全意识、装备与操作规程更改都在很大程度上实现了制度化,但人们仍呼吁着某种更大程度上的改善。这种更大程度的改善,其思想来源于海军航空训练司令部与舰队其他一些精英们的建议。许多制度改善方面的工作都起源于基层,但这次不同,此次制度改善的可能性是由海军领导层当中的最高层识别出来的,RAG 方案、NATOPS 及其他改进措施应运而生。

首先推出的是阶梯训练法。该方法一经推出,便对其他方法的创立产生了连锁式反应,特别是飞行员技术准备等级法与 NATOPS。在此之前,新分配的飞行员与从其他岗位转调过来的飞行员要直接到舰队飞行中队去报到。通常情况下由飞行中队对飞行员进行重新部署并进行飞行技术状态检查。不管该中队飞什么类型的飞机,都要由飞行中队来检查飞行员的"含金量"。对于那些驾驶过类似机型的飞行员来说，例如在训练基地或前任岗位上驾驶过 F6F 地狱猫战斗机、AD 天袭者舰载攻击机、TBM 舰载机、P5M 战斗机的飞行员来说，这不是什么大事，但对于那些从未飞过喷气式战机的飞行员来说，检查他们在陌生机型上的飞行技术等级就是一项难办的差事了。在某些方面，对于那些来自舰上或岸上，飞行时间少且每月仅在双发 SNB 教练机上飞行 4 小时但级别较高的那些老飞行员来说，期待他们不但能够掌握新型飞机的驾驶技术又要做好领导工作是很难为他们的。

在训练周期后期，当要执行联队规模的任务时，一项与航空母舰飞行中队具体相关的问题便显现出来了。正常情况下，各中队之间仅会在联队内部偶尔有一些交流。如果各中队所驻的海军航空站相距很远的话，那么交流就会更少，而多数情况下也确实是相距很远。对于朝鲜战争中所遗留下来的航空特遣队以及为补充联队实力而组建的各类分遣队而言更是如此。各飞行中队之间的领导层互相并不熟悉，下级飞行员不认识其他中队的上级指挥官，或是不认识联队参谋部的高级军官。一旦要执行联队规模的任务而需要他们必须熟悉别的飞机时，却发现他们对联队内所要驾驶的其他型号的飞机知之甚少。例如在古巴关塔那摩湾、法隆海军航空站，或在所安排的航空母舰上执行首次驾机任务，或在飞行员飞行技术首次"检验"时，上述情况通常就会发生。

> **小知识**：美国海军航空兵自下而上分为飞行中队、飞行大队与飞行联队 3 级。其中：中队是空战的基本战术单位，通常由 2 个或 3 个飞行小队（或飞行编队）组成；联队是一个基本的战术兵团，1 个典型的联队编有 1 个作战大队，1 个支援大队与 1 个后勤大队；大队是介于联队与中队之间的一级指挥管理机构。除这 3 个级别外，还会在一些执行专门任务的舰队临时安排特遣队，为在特殊环境下作战的舰队安排分遣队。例如在夜航与全天候飞行普及之前，有些舰队会有 1 支执行夜航或全天候飞行任务的分遣队。

> **小知识**：关塔那摩湾有一个美国海军基地，该基地的官方名称为关塔那摩湾海军军港。关塔那摩湾战略位置重要，除有1个海军基地外，还有1个臭名昭著的关塔那摩监狱。该湾原属古巴，美国于1903年租借此湾用于运煤站与海军基地，当时租金为1年2000美元的等价黄金，1934年后改为美元支付，1974年后租金涨到4085美元。其中的海军基地位于关塔那摩湾的海岸边上，位于古巴的西南端，是美国最古老的海外军事基地。自1959年古巴革命以来，古巴政府一直抗议美国在古巴领土上的军事存在。

> **小知识**：法隆海军航空站又称NAS法隆，拥有美国海军首屈一指的空空、空地作战训练设施，是培养舰载机飞行员的主要训练基地。该基地位于内华达州东南部城市法隆，基地内有海军战斗机武器学校（TUPGUN），还有1个占地240000英亩的轰炸与电子战训练区。

航空母舰飞行联队面临的第3个问题与专业训练、维修保障与物资供给相关。当时海军陆战队的问题要少一些，考虑到他们的飞行主要集中在北卡罗来纳州的切里波因特与加利福尼亚州的埃尔托罗海军陆战队航空站（MCAS），海军飞行联队的各飞行中队也倾向于使用相同的海军航空站，以方便联队下达指令并对下级实施控制。但这一做法却导致训练、维修保障与物资供给方面的问题更加严重了，原因是这种做法需要在几个不同的航空站之间分发物资并提供保障服务。例如：如果1个联队拥有1个美洲狮中队、1个黑豹中队、1架F-1狂怒战斗机、1架AD天袭者攻击机，那么作为东道主的海军航空站就必须为每种机型都维护1套所需的飞机模拟器和1支具有中继级维修能力（即比中队维修能力高但不需进行"再制造"或大修）的舰队机务保障中队（FASRON）①。类似情况也在各个海军航空站的航空供应处存在。这两种情况导致了东西两大海岸的各单位上上下下都充斥着无谓的重复作业以及标

---

① 装备维修一般分为3级，即基层级、中继级与基地级，分别对应现场可更换单元LRU、车间可更换单元SRU与零部件PRU级别的维修。——译者注。

准化作业的缺乏等问题。对于仪表飞行训练而言，中队飞行员太过经常地被派往其他航空站担任临时职务，这种做法所付出的代价过于高昂且浪费了很多时间。因此，西海岸航空母舰飞行中队的那些勤务保障重复出现在了阿拉米达、莫菲特、米拉玛与北岛（全部位于西海岸的加利福尼亚州），也同样出现在了东海岸的奥希阿纳、诺福克、塞西尔菲乐德、杰克逊维尔与基韦斯特（后3个城市位于佛罗里达州）。这样的一套体系不仅对测试设备与高素质的维修人员提出了过多的使用需求，而且还要求扩大物资供给系统的备件库存量，而实际上这些需求并不是必需的。运作这样的体系成本高昂且浪费人力，在对战备完好性的提高上一直以来都贡献较小，因此需要对该体系进行某些形式的重组。

> **小知识**：切里波因特海军陆战队航空站，又称樱桃点海军陆战队航空站，是一处坐落于美国东部北卡罗来纳州哈夫洛克的飞机场，该机场始建于1941年，目前是第二陆战队飞行联队的大本营。埃尔托罗海军陆战队航空站，又称公牛海军陆战队航空站，位于美国西部加利福尼亚州欧文市附近，占地面积约19000$m^2$，共有4条跑道，其中两条长2000m，两条长3000m，可起降美国军方最大型的军用飞机，另外该机场从20世纪50年代到1997年间每年都会举办大型航空展。

海军在其自身的发展历史中找到了解决问题的方案样板。在二战期间，分配到飞行联队的飞行员需要首先通过一个高级航空母舰训练队的培训。在到航空母舰服役之前，飞行员要到该训练队训练他将要驾驶的机型。换句话说，当飞行员到所分配的中队报到之前，他已经达到并满足所需的战备状态。尽管二战结束后这一业务很快就被停止了，但这一想法一直存在于体制之内。另一个因素是在1952年5月，太平洋舰队海军航空司令部在加州埃尔森特罗建立了舰队航空射击分队（FAGU）。该分队针对海军与海军陆战队的战斗机中队与攻击中队设立了一个为期6周的课程，课程目标是建立一支精通军械与射击的干部队伍。最初是为西海岸的飞行中队建立的，但不久之后就扩展到了东海岸的中队。因此，实际上在舰队范围内已建立起了射击、轰炸与军械系统维修的标准化。其他关于全天候仪表飞行，战术飞行，以及从其他机型向喷气式飞机转型的课程也在各类单位内展开。几乎所有此类课程都存在一个内在问题，即这些课程都倾向于在飞行员首次任职的不同时间段内开设，由于时间上的交错，有的飞行员得到了培训，而有些飞行员就未能受到培训。

然而，还有另外一个解决问题的方案样板。在海军航空训练司令部，飞行教员在带学员之前需在专门的教员学校进行规范且标准化的教学培训。这类学校中的其中一所是位于彭萨卡拉的教员基本训练分队（IBTU）；另一所是于1955年4月建立于堪萨斯州奥拉西市的喷气式飞机机型转换训练分队（JTTU），该校主要面向那些之前驾驶螺旋桨飞机的飞行员，训练目的是让他们完成从原机型向喷气式飞机驾驶的转型。

甚至在更早些时候，随着舰队对喷气式飞机需求量的增加，太平洋舰队海军航空司令员威廉·马丁中将就指示莫菲特机场VC-3中队的指挥官，即外号"吉格狗"的拉梅奇司令建立一个机型转换训练分队，目的是训练飞行员与维修人员使其在飞机驾驶与机务维修方面具备标准化的操作规程。实际上自1954年起，拉梅奇中队就已被作为机型转换训练分队在运营了。在最初阶段，拉梅奇中队只是莫菲特机场的一个小单位，其工作受海军航空测试中心的节制，且附属于舰队新机型教导计划。最初阶段，来自各机型转换训练中队的4名飞行员完成了一个为期40h的飞行教学大纲训练。按照航空法规要求，无论是直升机还是固定翼，只有满足最低40h的飞行训练后才有资格考取执照。之后，一支由现役军人组成的维修团队在接到上级的指令后也加入到了培训队列的名单中，其工作思路是让这4名飞行员与维修团队共同组成中队训练工作的核心力量。所有这些都于1955年开始实施，此时该中队正开始进行弯刀舰载机的训练工作。此后不久，又筹建了俗称"美洲狮学院"的项目审查工程，目的是训练后掠翼的F9F-6美洲狮战斗机以及之后的FJ-4狂怒战斗机。之后又融合进了F7U弯刀舰载机的训练，紧接着是对 A-4 天鹰攻击机、F3H 恶魔战斗机与 F-6 天光战斗机的训练。

至少是部分的基于以上这些经验，海军作战部长召集了一场会议，其主题旨在研究如何能够降低舰队的事故率，以及增加航空母舰飞行中队的战备完好性。会议由时任海军少将的詹姆斯·弗拉特利主持。该弗拉特利与第 8 章介绍的海军上校弗拉特利是同一个人，即当时著名的弗拉特利报告的撰写人。此时弗拉特利的职责是担负海军作战部长参谋部航空计划分部的负责人。此次会议中形成的"弗拉特利委员会"所提出的建议影响深远，其重要性与弗拉特利报告相当，尽管在历史上这些建议并不十分出名。这些建议包括海军人事局航空职业规划，建立航空军官地面部队（该机构最终在 1960 年变成了当时刚组建的海军航空兵观察员计划的一个分部），在预飞训练课程中开设高性能飞机航空动力学课程，以及为所有舰队飞机建立标准化的改装训练中队等内容。

1957 年 12 月 8 日的一封来信可能是推动阶梯训练计划进一步发展的催化剂。这封信是由时任海军航空训练部长（CNATRA）的海军少将罗伯特·戈德思韦特写给时任海军作战副部长（主管航空）、代号为 OP-05 的海军少将小威廉·V. 戴维斯的。信中将空军世纪系列战斗机的引入与其监管严格的训练计划与海军在引进新型喷气式飞机上相对缺乏监管的状况作了比较，海军的表现要糟糕得多。戈德思韦特提出建议，认为应当将位于奥拉西市、由 CNATRA 负责训练监管的喷气式飞机机型转换训练分队（JTTU）作为海军的一个样板进行推广普及。更进一步地，他建议将这一问题提交到 2 月份举办的通用航空培训会议上作为一项议题进行讨论。

> **小知识：**"世纪系列"这一名称来源于编号为 F-100~F-109 的系列战斗机，通常指的是 20 世纪 50 年代与 60 年代初所设计的具有一定相似性的一组空军飞机，实际全面投产的飞机为 F-100 至 F-106 型飞机。其中的 F-100 是美国空军首架超声速飞机，该型飞机在 80 年代时仍服役于美国空军预备役与空军国家警卫队。后来的 3 种变种机型 QF-100、QF-102 与 QF-106 被作为空中目标靶机一直服役至 90 年代。

> **小知识**：所谓通用航空，指的是使用民用航空器从事公共航空运输以外的民用航空活动，包括工业、农业、林业、渔业、建筑业的作业飞行，以及医疗卫生、抢险救灾、气象探测、海洋监测、科学实验等目的的飞行活动。

根据弗拉特利委员会的报告，海军少将戈德思韦特的建议，以及莫菲特机场的经验，人们很容易构想出应当在海军建立阶梯训练中队以及阶梯训练飞行队。阶梯训练飞行队简称为"RAG"。海军也确实这样做了。在1958年3月10日，海军作战部长批准了今天人们所熟知的"RAG体系"，"对舰载航空兵进行重组，构建统一的飞行联队，为舰队提供更加稳固的团队配置，在减少执勤部队与飞机数量的情况下，不会降低其战备等级。"新的组织模式为每个海军单位建立了一支永久性的阶梯训练飞行队，并担负起培训维修人员，负责飞行员战斗训练，以及在引入新型战斗机时为其提供所需项目计划等任务。

海军在创立RAG体系时还一并创立了当时被称为"基地支援"的体系。通常情况下，在各个海岸上只有类似型号的飞机才会被配置合并至一个航空站服役，且服役地点与相关联的RAG相同，这样可以便于飞机检修、仪表飞行训练、飞行模拟器训练与维修训练，并利于中继级维修与物资保障供给。由于所驾机型相近或相同，这种体系可使得飞行员之间有许多共同语言，他们在相遇后能够传递交流各类信息，并能够相互讨论如何才能最有效地完成任务。这种交流有时发生在半正式的飞行教室，有时发生在军官俱乐部的"欢乐时光"休闲时刻。另外，这种模式还在战术方面也起到了令人意想不到的效果。

在1958年早期，有2支常规航空母舰的飞行联队被重新指派成为了RAG，每个海岸线各安排一支，同时这2支飞行联队开始承担起新的任务。一支为CVG-4，又称为"CAG-4"，成为RAG后被重新命名为第4战备航空母舰飞行联队（RCVG-4），其所在基地位于塞西尔菲尔德海军航空站，是一支属于东海岸的航空母舰飞行队；另一支为CVG-

12，又称为"CAG-12"，成为 RAG 后被重新命名为西海岸飞行训练队，所在基地位于米拉玛海军航空站。战备航空母舰飞行联队的任务是负责海军飞行员补充兵员的教学，新型飞机的教学与训练，维修人员补充兵员的教学与在职培训，以及负责新型舰载战斗机舰队引入程序的建立。

> **小知识**：塞西尔菲尔德海军航空站是一座位于佛罗里达州杜瓦尔郡的一座海军飞行基地，该航空站在1999年10月之前是该州杰克逊维尔市面积最大的军事基地，共有4个独立部门，分别是航空站综合设施处、边远机场行政大楼、黄水武器部以及派恩堡电子战靶区。之后该基地一分为二，约17200英亩场地被移交民用，剩余场地被移交到杰克逊维尔海军航空站。

> **小知识**：米拉玛海军航空站位于加利福尼亚州圣地亚哥米拉玛市，1995年被重新改组，1999年移交给海军陆战队成为一座固定翼与直升机飞行基地，现名称为米拉玛海军陆战队航空站，为第三陆战队飞行联队的大本营。

之后在 1962 年 4 月，阶梯训练飞行队（RAG）被更名为战备等级飞行队（CRAG），以便让该单位名实相符。原属于 CVG 的飞行中队绝大多数仍保留其原有名称与番号，但属于 RCVG 的中队却吸纳混合了多个中队与多种机型，其中的每个中队都有新的训练任务。另外还组建成立了致力于仪表飞行训练的 RAG 飞行中队，该中队的任务目标是培训并重塑飞行员使其具备能够在双座飞机上执行仪表飞行的能力，并帮助飞行员通过相应的笔试考核。在早期阶段，RAG 还吸纳进了舰队航空射击分队（FAGU）。

从一开始，RCVG 中队模式就被扩散推广到了东海岸的奥希阿纳、杰克逊维尔、塞西尔菲尔德与基韦斯特，以及西海岸的阿拉米达、莫菲特与米拉玛。在海军陆战队这边，1958 年 7 月在切里波因特成立了 VMT-1，其中包含了 3 方面的课程教学：向后掠翼喷气式飞机的转型与进修课程，以及 2 门仪表飞行课程。海军陆战队在西海岸的埃尔托罗也建有类似机构。之后,又为执行海上巡逻任务(VP)的飞行员与机组人员建立了巡逻阶梯训练队,在海军开始向 P-3 巡逻机转型时这一做法就显得特别重要了。之后不久,东、西两大海岸上的重型攻击机,侦察攻击机,空中预警机(E-1 系列与 E-2 系列),以及直升机也都建立了对应的 RAG。再后来,2 所 RCVG 的指挥部与参谋部被认为是冗余的,因此在这 2 个机构的原址上又建立起了另外的监察机构。现如今,海军已为现役的所有主要机型与主要任务都建立起了对应的 RAG。

> **小知识**:VMT-1 是 1947 年成立的一个独立飞行中队,地址位于切里波因特,成立后不久就变成了海军陆战队第 20 训练队的一部分。1958 年之前一直是部队航空总部小组的一个单位,1958 年时再次成为一支独立中队,隶属于海军陆战队第二飞行联队。中队所飞机型包括 TF-9J 美洲狮喷气式后掠翼战斗机与 T-33 流星教练机,承担后掠翼飞机转型的飞行培训任务、仪表飞行训练任务以及地面仪表的教学任务。1967 年 7 月 2 日,VMT-1 接收了首架 A-4 天鹰攻击机,并开始向新机型转变。1972 年 5 月更名为 VMAT-203,所飞机型包括 A-4M 与 TA-4J,主要为海军陆战队所属舰队飞行员补充兵员提供阶梯飞行训练。

> **小知识**:P-3 海上巡逻机是洛克希德飞机制造公司在 50 年代末为美国海军研制的一型四发涡轮螺旋桨多用途海上巡逻机,其有效载荷 26 吨,可携带大量电子设备,翼下有 10 个武器外挂点,机腹下有 8 个内部炸弹舱,可携带空地导弹、反舰导弹、鱼雷和深水炸弹等武器。

RAG 不仅负责飞行员与海军飞行官(NFO)的培训,以帮助他们熟悉新型飞机的系统知识与飞行特点,而且还负责新征入伍的维修人员的培训,以教会他们关于以后所要负责的飞机的一些专业知识。在这之前,刚从"A"级学校(学时长度可变的技术培训学校,学时的确定依据学员将来要授予的技术等级而定,例如航空军械员)毕业的学员会直接分配到一线飞行中队,对于他们所要维护的机型只经过了少量的培训，甚至是没有经过专门训练。在实际工作中，他们只能依靠边工作边学习的方式学习装备知识，并听从那些并不总是很友好且经常发脾气的"老手们"的训导。如今，与空勤人员类似，应征入伍的维修人员会被派往相应的 RAG 去学习所维护系统与测试设备的相关知识与技能，从而具备在实际工作中能够维护装备、使用测试设备的能力。这样当他们到中队报到时能够很快上手，不再需要长时间的学习培训，因此也同步改善了维修战备等级，并降低了部队军费成本。RAG 的另一项优势是，由于 RAG 中队与舰队中队的机型一致，军营驻扎地址又都相同，因此，RAG 中的专家可随时作为培训与问题解决专家的人才储备库发挥作用。

---

**小知识**：A 级学校位于佛罗里达州彭萨卡拉海军航空站，由海军航空技术培训中心负责运营。AO 在 A 级学校的培训时长大约 5 周，课程包括基本的航空理论与技能，电子设备的故障排查等内容。

---

**小知识**：航空军械员，简称 AO，是美国海军具有一定职业等级且具备相应专业知识的部队人员。AO 负责操作、处理航空军械装备，负责枪炮、炸弹、鱼雷、火箭与导弹的维护工作，还负责军火与轻型武器的上架、分发与装填。AO 分 3 种类型，分别是 O 级、I 级与 D 级。其中：O 级负责岸上与海上飞行中队机载武器的挂载与卸载；I 级负责炸弹架、导弹发射装置与其他机载武器组件的维修，并负责所有军械的贮存、库存、分发与组装；D 级负责大修以及 I 级维修之上的军械维修。

---

**小知识**：海军飞行官，简称 NFO，是海军与海军陆战队中专业为机载武器与传感器系统的现役军官。NFO 属于空勤专业，并不是飞行员，但他们会伴随飞行员一起飞行，并担负机上观察与机载武器的使用等任务。到 1966 年时，NFO 的使命改由 NAO（海军航空观察员）担任。在美国空军，NFO 被称为 CSO，即作战系统军官，其职责包括机上导航，机载武器使用与电子战的实施。

最重要的是，RAG对事故预防具有极大的正面影响作用：1959年7月是阶梯飞行训练运营满1周年的日子。在该年度，所有在舰队驾驶A4D、F4D、F11F、F3H、FJ-4与F8U的飞行员中，采用阶梯训练方法所训练出的飞行员占了平均人数的28%。一项针对这批飞行员安全记录的研究表明，与在一线中队培训的飞行员形成鲜明对比的是，因飞行员个人原因所导致的事故中，前者的比例仅为1/24，而后者的比例则为1/9。据估计，阶梯飞行训练项目到目前为止已经为海军省下了大约四千万美元的安全成本。

RAG还为飞行员战备状态的准备提供了便利，并因此为"飞行员技术准备等级"概念的提出铺平了道路。正如之前所讲过的那样，在RAG体系出现之前，飞行中队的人员在前后2次任务部署之间需经过重新构建。在某次巡航任务结束后不久，富有经验的飞行员就会被调离中队而派往其他岗位任职，取而代之的是一批来自岸基的飞行员或是直接从训练司令部分配下来的生瓜蛋子。此时就需要中队领导层负责对这些新人进行训练，并将他们锻造成一支凝聚力强且技术娴熟的战斗团体。可以想象的是，由于几乎完全要依靠指挥官、执行官与作战指挥官的领导能力（有时还不具备或欠缺相应的领导能力），这种方式的结果自然是喜忧参半，有好有坏。"飞行员技术准备等级"这一概念背后的理念在于，RAG将把后备机组人员训练成战斗技术高超的战士，使其可以随时融入其他任何一支类似的中队中，而无需经过进一步的培训。在前后2次巡航任务之间的这段时间里，中队完全不用再考虑重构中队战斗力的问题，根据最佳的职业规划与服役任务需求，机组之间可进行人员轮换。轮换的思路是，不管当前处于任务部署周期的哪个阶段，每隔2个月中队将调走1名任期已满的飞行员或NFO，并同时补充1名具有同等级别的人员。依靠这种方式，中队能够将其战备等级维持在一个恒定水平上。

有趣的是，虽然大西洋舰队采用了这一方法，但太平洋舰队在同时期却并未采用，而且即使是在大西洋舰队内部，也并非所有人都对这样的安排称心如意。除了其他方面之外，有人质疑这是由海军人事局制造的烟幕弹，其目的是扩大人事局在人力资源管理方面的有限权力。中队指挥官也反对在舰队部署期间将有经验的飞行员调离出去，取而代之的却是飞行技术并不确定的新人。过了一些年后，人们对"飞行员技术准备等级"这一方案进行了一些修改，以使准备部署的中队能够将舰上全员都整合成一个团体，至少在部署期间要达到这样的效果。"飞行员技术准备等级"一次次地证明了自己的作用，即使在太平洋舰队当中也是如此。当发生事故减员或战斗减员，不得不在短时间内为中队补充新的人员时，RAG体系能够很好完成这一任务。

随着RAG体系的启动运营，一个老问题又出现了，即哪种方法是解决某一特定问题的最佳方案。与RAG运营之前各个中队的做法类似的是，在最初阶段是按照作战指挥官或CO所认为最好的方案来处理问题的。在东、西两大海岸的各单位主官进行了一些调换之后，历任主官都会提出自己的一套最佳方案，因此必须要明确哪种方案才是最优的，这是十分明显的趋势。这种趋势催生出了标准化的第一缕曙光。最终这一趋势导致了今天我们所看到的NATOPS的产生，NATOPS即海军航空训练与作战规程标准化项目。然而在此之前，稍微有一些偏移也是合适的。在2010年春季由海军航空博物馆基金杂志社发行的期刊《基石》上，海军陆战队的威廉·T.休斯上校（已退休）发表了一篇文章，文章中描述了在NATOPS之前的一些状况——时间是在1956年，案例是他自己的亲身经历。下面这段话摘自他的这篇文章。

在那段时期内，飞行领域里并没有一个完善的标准化程序，也没有一个成熟的海军航空安全计划。以今天的标准来预测，其结果自然是事故率居高不下。你会发现，当年带领我们、培养我们的，都是一些历经二战与朝鲜战争的战火洗礼、富有计谋且目光犀利的老兵，他们根本不知道什么是恐惧。他们将当年他们的那套训练方法如法炮制地用在我们身上，在基本不受监督的情况下将我们派往敌方空域，能够活着回来是我们最大的愿望。令人吃惊的是，我们当中的一些人居然做到了。查尔斯·达尔文①一定会对这套训练体系推崇备至。

尽管文中关于新手飞行员唯一的愿望就是能够活着回来的描述可能有些夸张，但缺乏监督是千真万确的事。对舰队所属飞机的介绍往往只有阅读飞机手册，蒙眼座舱检查，简要讲解发动机的启动方法，然后说几句祝福的话，并拍拍你的后背表示鼓励。不止一个新手飞行员被告知："在一万英尺高度的某处空域与我会合"，结果却发现会合空域是一次空空缠斗的起始点，目的是测试一下新手飞行员的飞行技术与胆气。

> **小知识**：蒙眼训练是部队中常用的训练方法。能够在蒙眼状态下熟练完成战术动作，是检验一名军人是否合格的标准。战场上情况多变，极易因各种因素发生视觉条件不良情况下的作战，因此蒙眼训练是必不可少的。美国海军航空兵的"蒙眼浸猪笼"落水逃生训练即是一例。

当然，在 NATOPS 之前也并非完全一团糟。即使海军航空兵整体上并未实现标准化，在许多单位中仍有了自己的一套标准化操作流程。在训练司令部，飞行学员们按照标准的模式进行着起飞前检查、启动发动机、滑行至起飞线并驾驶教练机升空。不管是特技表演还是正常飞行，各类飞行操作的起飞、机动与飞行都要按照严格的标准模式来执行。飞行等级也要按照这些标准来预估评定。正如我们所看到的那样，在承担教学任务前，飞行教官们都要在专门的学校接受标准化的规范学习。

那时已经有了仪表飞行训练任务。在 1950 年以前，并非所有海军飞行员都要求达到仪表飞行的资格，彼时仪表飞行还是一项特种训练，仅适用于某一类飞行员，其他飞行员只需按照目视飞行规则飞行就可以

---

① 查尔斯·达尔文即进化论的提出者达尔文，意为这样的训练方法优胜劣汰，适者生存，由战场环境选择出合格的飞行员，不合格的将直接以死亡的方式淘汰出局。——译者注。

了。由于对夜间飞行越来越重视，且随着繁忙的大都市区域与空中航线的飞行需求越来越多（之前在第 4 章曾介绍过），海军作战部长指示，到 1952 年中期，所有的海军航空兵都要取得一个有效的仪表飞行评级。自然这就需要对飞行员进行仪表飞行与空中航线飞行方面的培训，而这类培训其本身就是一种飞行标准化的实践。这些培训与后续飞行实践中的许多方面都被编纂到了《全天候飞行手册》一书中，而 NATOPS 在夜间飞行、全天候飞行与仪表飞行等方面的内容即是以该手册为基础编撰的，因此该手册是 NATOPS 夜间飞行、全天候飞行与仪表飞行的先驱。

与此同时，起飞与着陆在训练司令部与舰队内部早就形成了一套标准化的操作模式。在陆上飞机场，空军与海军以及海军陆战队的飞行模式类似，而且所有航空母舰舰载机的起飞与着舰也都采用相同的模式（事实上，美国舰队（USF）内部的一本手册，以及之后的《海上作战出版物》（NWP）系列规定了这些模式的具体内容）。而且，舰队内的每个机构都有一本《标准作战规程》，简称 SOP。SOP 非常重要，如果没有特殊原因，例次行政检查中，SOP 都会被列入检查清单之中。然而问题是，尽管中队遵守 SOP，但当中队指挥官或作战指挥官易主之后，SOP 也会随之而变。同时，还有一个问题隐藏在背后，即"为什么要执行标准化？这样会打消人们的积极性。"人们的态度总结起来差不多为："海军航空兵的所有人在做任何事时都要按照'最佳方案'执行，有些人对这种工作思路颇有微词。他们担心标准化规程的普及虽然会降低事故率，但也会降低飞行员'反应迅速'的能力，并对飞行员灵活处理紧急特情与战情带来消极影响。"

当时，人们并不把标准化看作是一项影响安全的因素。毕竟，各型螺旋桨飞机在驾驶员座舱中的布局非常相似，以至于富有经验的飞行员能够轻而易举地实现从一种机型到另一种机型的转变，而不需要经过特殊训练，而且很多飞行员也都做到了这一点。即便是从单发飞机向多发飞机的转型也并不困难。每个座舱都有 1 个操纵杆（或称飞行摇杆），

1个油门杆（也可能是2个或4个），螺旋桨及混合动力控制系统，磁电机开关（磁电机开关是为发动机点火提供电力的设备，一般配备主、备2个），1个座舱增压控制杆，襟翼控制系统及起落架收放系统。这些部件或系统在各类飞机上的安装位置都十分接近，因此一名富有经验的飞行员只需掌握新飞机的启动方法，以及新飞机在起降、机动时的推荐空速，就完全可以驾驶飞机飞行了。从战斗机到轰炸机到巡逻机再到运输机，尽管不同机型的战术策略各不相同，但如果你想了解的仅是飞机的起飞、巡航与降落的话，那就没什么关系了。但是后来，喷气式飞机出现了。

初代喷气式飞机与螺旋桨飞机的差别并不是很大。当然了，喷气式飞机起飞、滑跑所需的距离要更长，发动机对油门杆动作的灵敏性也迟缓得多，飞行时燃油也消耗得更快，而且在着陆进场发生错误时留给飞行员纠错的时间也更少。但另一方面，驾驶喷气式飞机时飞行员不需考虑那麻烦的油门弧座，以及螺旋桨桨距、座舱增压与汽化器加温，而且喷气式飞机上也没有磁电机开关。只有当以前驾驶螺旋桨飞机的飞行员试图以螺旋桨机的飞机经验驾驶一架喷气式飞机时才会出现问题。当喷气式飞机开始上舰时问题就更严重了，而具备新能力且性能更高的喷气式飞机出现后，问题变得比上面更糟糕。在当时，领导层也意识到必须要采取对策了。

随着舰队事故率达到新高，人们很自然地去查看那些已有的范例：喷气式飞机机型转换训练分队 JTTU，美洲狮学院，舰队航空射击分队 FAGU 以及其他。因此，在 NATOPS 创建之前，人们已建立起了一套训练方法框架，以便让新手飞行员尽可能接受最好的训练并学习最佳的操作规程，这些训练与操作规程能够改善事故状况，从而提高舰队的战备完好性。然而，太平洋舰队、大西洋舰队与海军航空训练司令部对于处置各类问题的最佳解决方案都各持有自己的意见。据传闻，某支舰队的 A-4 飞行员在进场时会打开减速板，而另外一支舰队的 A-4 飞行员则不会打开。又比如，关于 F7U 弯刀舰载机在发生失速旋转时如何恢复正常飞行的最优方案选择上。当然还存在许多其他方面的案例。此时海军中将罗伯特·B. 皮里介入了，彼时他的职位是海军作战副部长（主管航空），编号 OP-05。关于他为什么会介入的原因众说纷纭，但事实是他确实采取了行动。他采取了一项两步走的措施，这项措施奠定了今天 NATOPS 的基调。

> **小知识**：A-4 攻击机，绰号天鹰，是 20 世纪 50 年代初美国道格拉斯公司研制的一款海军舰载机，该机在机身后两侧各安装有一片大型减速板，飞机在降落或空中转弯时打开减速板有助于动作的完成。

海军中将罗伯特·B. 皮里，美国海军军官学院 1926 届毕业生，1929 年 6 月成为海军飞行员。第二次世界大战开始时先在飞行中队任职，后任参谋。在马里亚纳群岛海战、帕劳群岛海战、莱特湾海战与冲绳岛海战等一系列战斗中，他在海军中将马克·米切尔的第 58 特混编队服役，担任海军少将格里·博根的参谋。第二次世界大战后，他先后被任命为"西西里"号航空母舰与"珊瑚海"号航空母舰的舰长。之后他被海军上将阿利伯克提名担任海军作战副部长一职，并在该职位上任职四年半之久，这一时长在当时无人能及。任职期间，他做出了许多重要且影响深远的决策，主要涉及航空母舰与舰载机操作规程，飞行准备与战备训练等方面。作为 NATOPS 的倡导者，他应当被业界特别铭记。

海军中将罗伯特·B. 皮里

（资料来源：美国海军学院图片档案室）

首先，他做了一项基本决策，即必须要有一套处置问题的最佳方案，以应对 A-4 舰载机进场、弯刀舰载机失速旋转后的恢复以及其他类似的问题。因此他成立了一个寻找最佳解决方案的团队。接下来的问题是：是采取他下属的参谋部的建议，让这些富有经验的飞行员决定每类问题的最佳处置方案？还是咨询舰队，让这些当前正在服役的使用方来选择最佳方案？他选择了后者，即让舰队的实际使用人员在所有方案中选出最佳方案。舰队人员编纂形成了 NATOPS，并对其进行了持续编撰与修改直至今天。舰队的这些使用人员都是所涉问题领域的专家。《飞行进阶手册》作为一项指南在部队中使用，该手册于1961 年 6 月由海军训练器材中心出版，由舰队中驾驶具体机型的海军飞行员们共同编写，作者群中既有上尉、少校，也有中校、上校，他们都具有实际的飞机驾驶经验。任何 NATOPS 手册在获批之前，都必须在各中队、各舰队、并沿指挥链一直往上直至在各级单位间都达成一致意见。手册分别由飞行联队司令与舰种司令批准并上呈至海军作战副部长（主管航空）批准。只有在整个指挥链的所有相关单位都同意后，皮里中将及其继任者们才会在各卷手册上签名。这样做的最终结果是，对于给定机型的每一项功能，都有与之对应的最优操作方案，NATOPS 确保了这一点的实现。这对于飞行作战的安全性与有效性而言是一项巨大的进步。

所有的 NATOPS 手册在组织结构上都是相似的。每本手册都由 8 章组成："导引""岸基操作规程""舰基操作规程""飞行操作规程""紧急处理规程""通信""特别任务"以及"其他事项"。除这 8 章外，还有"引言"。然而手册中的引言可能是手册最重要的部分了。在引言中，每位读者或每个用户都受邀对手册的内容更改与修订提出建议。所有读者与用户的建议都会得到审查与考虑（直至今天仍然如此）。因此，通过不断地迭代过程后，最优操作规程与最佳实践方案便被一步步提取出来了。战备状态与作战效能因此而得到了提高，且飞机的事故率也有了极大的下降。这一切完成后，一名非常有经验的海军飞行员写道："（NATOPS）的设计目的是为我们所驾驶的每型飞机都提供一种手段，通过这种易于使用的手册的形式，为飞行员提供了关于飞行训练与作战方面最佳且最安全的操作规程,这样可使得手册内容专注于作战部队的需求,并为中队指挥官提供了一种训练方面的工具,以确定出他所制订的训练项目存在哪些弱点,或是每个飞行员存在哪些弱项。"

1961年5月,海军与海军陆战队官方正式采纳了NATOPS计划,并颁布了OPNAV指令3510.9(直到今天该系列指令仍然有效)。然而,即便是出版了一份出版物,仍需要进行大量的工作与互相协调。事情的发展结果是,直升机系列首先取得了成果,出版了HSS-1N NATOPS(即后来的SH-34),出版时间是同时期的1961年5月。其他机型很快也紧随其后,同年共有47个型号的飞机发布了对应的NATOPS手册。仿佛每个人都在呼喊:"是时候了!"每上任一届作战指挥官就各提一套"最优方案"的混乱时代已经结束了。事故率也已下降。几乎每个人都在称赞NATOPS,除了一些顽固分子继续叫嚷着实施NATOPS使人们丧失了创新精神。

NATOPS得以持续发展。1963年12月份出版了F9F-8T NATOPS,其中不但包含了手册信息,还规定了飞行规程与作战规程。接下来还出版了更多的NATOPS手册,出版数量非常之多。在航空类指挥官的支持下,还经常定期举办一些NATOPS会议,这些会议对于保持手册的时效性与实用性很有帮助。关于已出版的NATOPS的最佳总结之一现于1961年8月出版的*Approach*,该期刊中的原话为:"新的NATOPS项目由用户编辑开发,之后再面向用户使用,在经过一段时间的用户使用期后,再基于该批用户对手册内容进行修改。行业内的新技巧会被快速提交专家评审,如果该新技巧合理有效,就会被推广给全体用户使用。最终的结果就是,飞行员的飞行技术有了改善,从而增加了安全方面的效果,进而又使得战备完好性得到了有效提高。"

小知识:F9F-8战斗机是由美国格鲁曼公司设计生产的后掠翼舰载战斗机,F9F-8T是该机型最后一批改装的拉伸型双座高级教练机,在1956—1959年间共交付了399架。

在 NATOPS 的应用之路上有一个有趣且重要的现象，即各舰队数量众多的海军航空机构之间的合作，以及与空军之间的合作。空军有一个运行了多年的标准化/评估程序（"Stan/Eval"），而海军的首批标准化评估员实际上就是学的空军的课程。他们学习了相关原理与方法，之后将所学知识带到了海军，但在应用时会有一些修订。海军飞行员常用的出版物有 3 类，而每个 NATOPS 手册在最初时仅是其中的一种，这 3 类出版物有：飞行手册，这已存在很多年了，主要包括飞机结构等方面的内容——用今天的术语讲叫作"飞机系统"；可适用的 NWP（Naval Warfare Procedures，海军作战规程），主要包括战术策略方面的内容；NATOPS，主要包括技术层面的内容。其他手册与技术条令都被约束在了维修领域的范围内，飞行员经常通过这些手册查找专业问题的解决方法。当前，这 3 大类出版物都得到了开发并被组合而成为一套手册。

上段中提到的标准化评估员与 NATOPS 相伴而生。标准化评估员的职责范围覆盖了从正常飞行到紧急事件处理规程，再到系统知识及其他方面的所有事项。NATOPS 很快就在海军全体范围内得到了实施应用，但 NATOPS 体系则是按飞机型号逐步建立起来的，而且 NATOPS 被融合到了海军与海军陆战队的每个中队、每个联队、每个岸上部队以及每支海上舰队。后来 NATOPS 体系又被扩展应用到了 LSO、航空母舰以及其他海军舰艇上，并且出版发行了一本 NATOPS《通用飞行与作战指导手册》。NATOPS 被用于空勤预备学校的教学，还被用于飞行模拟器、教练机以及其他空中飞行的装备的标准操作规程与紧急事件处理规程的指导手册中。NATOPS 也是标志各舰队、各舰种司令、各型舰艇及各个航空站准备就绪的一个共同特征。

今天的人们很难想象如果没有 RAG 与 NATOPS 的话，海军航空兵会是什么样子，但在最初时人们也没有想到海军航空兵的标准化工作能在达到如此程度的同时仍未丢掉创新精神，且这一创新精神一直持续到了今天。人们也没有预见到，很大程度上是基于 RAG 与 NATOPS 项目的确实有效性，整个海军的事故率得到了大幅改善。在 RAG 开始应用与 NATOPS 被采纳之前的 1958 财年,海军共发生了 1106 次重大事故,共造成了 524 架战机损毁,387 人死亡,而到 2009 年时全年仅发生了 11 起重大事故。安全方面达到这样的成果很大一部分原因要归功于那些具有远见卓识的先辈,他们相信专业的训练与标准化工作终究会有所收获。与此同时,无论是个人方面还是中队方面都很难看到创新力量减弱的发生。

很多时候,当老一辈们被告知今天的事故率只有每 10 万飞行小时约 1 次事故时,他们的第一反应是难以置信。之后,他们会问这是如何做到的,以及为什么能做到?答案可能包括以下方面:更加英明的领导、更优的方案选择、更好的人事管理、航空军医作用的提高、更加优化的飞机与飞机系统、更好的维修保障与物资供应服务、斜角甲板与镜面助降系统的应用、阶梯训练方案的提出与 NATOPS。答案并不唯一,以上方面均有所贡献,但在这众多的原因中最重要的还是 RAG 的建立与 NATOPS 的有效利用,这一点是十分明确的。

# 第 10 章

# 医 生

航空航天医学——航空军医及其他

懂飞行的航空军医最了解飞行员

杰弗里·R.戴维斯等,《航空医学基本原理》

航空军医对飞行安全的贡献是多方面的,但遗憾的是,这些贡献却很少能够引人注目。从海军航空兵建立之日起,尽管缺少广泛的宣传,航空军医与其他医学专业人员,例如航空航天实验心理学家、航空航天生理学家、航空航天验光师、生理学家及其他专业人员,都在为实现飞行更加安全与战备完好性更高而努力。与喷气式飞机、斜角甲板、RAG 与 NATOPS 的建立相比,这些航空医学从业人员的贡献在历史上显得并不那么突出,但实际上航空航天医学一直发挥着持续且极其重要的作用。尽管航空航天医学专业人员的工作"低调而不被人注意",但就像水滴石穿那样,他们工作的累积效益对于提高战备等级,保证任务顺利实施,以及降低事故率都有着极其重要的贡献。在海军航空兵安全历史上,他们占据着非常重要的篇章。

**小知识**:著作《航空医学基本原理》是由杰弗里·R.戴维斯,罗伯特·约翰逊等人合著的一本书,目前已是第 4 版。该书 2008 年 4 月出版,出

> 版社为 Lippincott Williams & Wilkins，这本综合教科书式的著作介绍了飞机与空间飞行器上的机组人员、乘客与机上保障人员的医学护理与公共健康问题，内容涉及飞行条件下的人体生理学，航空航天环境下的临床医学，以及航空工业对全球公共健康的影响等方面。

海军航空医学从业人员与他们所服务的对口人员在很多方面都存在共同点，他们都是一些自信满满且属于 A 型性格的人。上句话中提到的对口人员，不仅包括飞行机组人员，还包括维修人员、供给人员、海军文职人员及其家属。除医疗资格之外，航空医学专业的所有人员对飞行都有着浓厚的兴趣，甚至是极其热爱。他们所有人都接受了飞行方面的基本教育：有那么几个还在初级教练机的后座上体验过飞行；其他人则通过了全日制本科的飞行训练课程并获得了飞行员或海军飞行官的鹰徽标志（见图 10.1）。一旦被安排分配至航空军医或综合医疗专业实习的执业医师，大多数人都很乐意在海军航空界度过他们以后的人生职业生涯。然而，有时这种心态也会产生问题。航空军医与他们所保障的海军飞行员一样，都有官方正式制定的职业模式。每隔一段固定时间，他们就会被要求到非航空类的任职点轮换代职，这些代职点有医院、海军基地的诊疗所，或是军事医疗机构（MTF）。如同安排海军飞行员轮换到岸上处理办公室工作一样，航空军医对于岗位轮换也并不情愿，他们勉强到任，而且并不理解这样的安排其实对于他们的个人长期职业发展与整体专业知识都是有好处的。如果航空军医是"白鞋男孩"类型的，那么在这类航空军医看来，那些似乎要在海军医院待上整个职业生涯且被视为要掌管医疗队的医生群体，就是一群恶棍。然而平心而论，如果没有这群"白鞋"们略带抱怨的支持，那么可能就不会有航空医学院这样的机构，也不会有在佛罗里达彭萨卡拉的海军航空航天医学研究院进行住院医生实习这样的制度。

图 10.1　航空军医鹰徽

（资料来源：海军历史与遗产司令部）

> **小知识**：A 型性格，是指脾气火爆、有闯劲、遇事易急躁、不善克制、喜欢竞争、好斗、爱显示自己才华，且对人常存戒心的性格类型。

> **小知识**：白鞋，white-shoe，美国俚语，源自 white-bucks，白色鹿皮，是一种做工考究的皮鞋，在常春藤联盟大学中非常盛行。白鞋男孩意指具有常春藤名牌大学的学生那样的风度和外表的一类人。1953 年《时尚先生》上的一篇文章用该词描述了耶鲁大学的社会阶层，解释道"白鞋"主要用于描述那些具有勃勃社会野心且自命不凡的人，他们假装对社会老练世故，且通常只在内部小派系间活动，以此显示自己的清高。

> **小知识**：航空医学院，1922 年 11 月 8 日由航空服务医学实验室与航空军医学院合并而成，后来又改名为海军航空航天医学研究院。

在这里，新手海军航空医学从业人员了解到，帮助海军航空兵应对医学上、生理上与心理上的问题挑战，从一开始就是他们的责任。他们的主要任务与职责是让海军飞行员保持健康并满足开飞条件。从 20 世纪 20 年代开始他们就已经在一直这样做了，而且他们对改善海军与海军陆战队的航空安全也都做出了贡献。20 世纪 20 年代在陆军的帮助下，他们首次获得了属于他们的航空军医鹰徽。

> **小知识**：航空军医鹰徽是空军徽章与医学徽章的组合，中间是医学蛇绕神杖的标志，两边是一对翅膀。仅有蛇绕神杖表明是医生，再加上翅膀才是航空军医。航空军医鹰徽的授予需满足3个条件：部队人员身份、取得医疗资格且经过认证的航空军医。

> **小知识**：读者可能对航空军医在20世纪20年代在陆军帮助下获得航空军医鹰徽感到疑惑，这里解释一下：在20世纪20年代时，美国空军尚未成立，当时的名称还是陆军航空队，当时隶属于陆军。经过二战的发展，美国的陆军航空队成为规模空前的世界第一空中力量，且随着制空权与战略轰炸理论的推出与实践，以及空基核武器的发展成熟，陆军航空兵独立成军的呼声越来越高，最终于1947年9月8日陆军航空队从陆军独立出来，成为美国空军。

从1926年至1934年，海军开始培训自己的航空军医，培训地点位于华盛顿特区的海军医学院。1933年至1938年间，陆军再次承担起为海军培养航空军医的责任。最终于1939年，航空军医培训的任务又由彭萨卡拉海军航空站的医学部接管。1946年，海军成立了美国海军航空医学院，该学院于1965年更名为美国海军航空航天医学研究院（NAMI）。

尽管早期阶段航空军医工作的重点是确保只把那些身体条件最合适的人员招收进来并进行海军飞行训练，但从一开始他们也会辅助进行飞行事故调查方面的工作。在早期，航空军医的部分研究范围还包括高空飞行的物理现象、重力影响效果、夜视科学、逃生设备的开发以及机组人员的一般身体条件。不论成果是由个人取得还是由集体取得，航空军医的努力不但使得操作规程更加安全、更加有效，而且还取得了很多其他效果。具体讲，他们为更好地训练与更优的装、设备开辟了一条道路，使得系统的功能更强且更易于使用与维护；更重要的是，使得事故预防的开发与应用达到了艺术与科学的层面。

海军飞行员与服务于他们的航空军医之间保持着一种爱恨交织的关系。一方面，飞行员们在内心深处明白，航空军医是关心他们的；但另一方面，飞行员们或 NFO 都认为，他们身体上或心理上的任何不良症状，即便是一个小感冒，都有可能成为航空军医拒绝他们飞行的理由。海军飞行员们对此难以忍受。因此，他们都对航空军医隐瞒自己身体上的不良症状，除非是他们至少患上了类似咽鼓管阻塞这样的疾病时才会大呼"医生！"。这种疾病不但导致听力下降，还会使得满耳都是积液。这种对于航空军医的矛盾情绪从飞行训练的初级选拔阶段便开始了。在这些有望成为飞行员的人们看来，似乎航空军医的所有工作就是尽其所能的将招生飞行员排除出去。尽管已被证明下面的观点并不正确，但在招生飞行员与新选拔上的飞行员群体之间依然流行，即"医生们"的目标就是将他们淘汰出去。他们之间流行着的话题全是关于如何在首次体检与后续年度检查中避免可能出现的问题。因此，飞行机组人员与航空军医之间的关系从一开始就是模糊不清的，而且通常这种若即若离的关系会持续存在很多年。事实上，陆航首批航空军医之一的以撒·H. 琼斯在 1917 年写道，"可能要花 100 年的时间才能使飞行员们相信，航空军医的主要目标是让他们的身体保持健康并达到开飞条件。因为飞行员们感觉到，那群医生铁了心地要干一件事，那就是如果他们发现了一种方法可以阻止飞行员飞行，那他们就会一干到底。"

尽管两者之间的关系有好有坏，但舰队航空军医的格言是"让飞行员们保持开飞条件，并确保飞行安全"。在工作中航空军医不断地权衡着风险与收益。他们也明白他们自身与其所保障的飞行员之间的那种关系，而且他们也极力保证机组人员在精神与身体方面的健康（见图 10.2），以使他们保持开飞条件。航空军医们不断地扪心自问，"我是否应当准许该名飞行员跨进那架由纳税人支付的价值几百万美金的飞机？这架飞机上还载有其他机组成员与乘客，还有能够爆炸的武器，飞机还有可能飞过人口密集的居民中心。"航空军医们的算盘是，"海军或海军陆战队为了培养这些飞行员耗费了成千上万小时，花掉了数百万美元的军费，所以我的职责就是尽一切可能地保证他们符合开飞条件。只有当他们对自身或其他人员造成潜在危险时，我才能将他们清除出去。"

图10.2　飞行员体检

(资料来源：*Foundation*，海军航空博物馆基金会季刊)

海军航空航天医学研究院官方网站上的一段话很好地表达出了航空军医们的职业目标：海军航空军医的首要工作是预防性医学。航空军医将医学实践、安全科学与航空专业知识融于一身。通过成功的航空医学计划，飞行中队提升了飞行的安全性，降低了潜在的飞行事故发生次数。这一成果是通过对身体上的、心理上的、环境方面的以及人工领域等危害飞行安全与工作场所安全的问题进行专门研究而取得的。为完成他们的工作，海军航空军医们定期走访中队驻地，不断地对中队机组与关键岗位上的保障人员进行精神状况、安全意识与心理健康方面的评估。另外，航空军医也会作为中队机组的一名成员伴随飞行，以便观察空中飞行时哪些因素会成为机组人员的压力源，以及观察机组成员之间的协调性。推动安全发展进程的第一步是在选择质量人员时绝不妥协。这一规则扩展到了训练领域与舰队作战场所，包括那些为飞行准备飞机的地面保障人员。因此，海军航空军医的训练内容，其主题范围包括飞行生理学、工业医学、环境危害与飞行事故调查。在海军航空兵这样一个运动速度快且高精尖的作战兵种中，海军航空军医的责任具有范围宽泛且总是在不断变化的特点。海军航空军医们认识到，从诊所诊断中是找不到安全危害的，必须要到飞行中队与飞行实践中去主动寻找安全危害。因此，为完成作战任务过程中的安全保障，与作战业务人员建立良好的关系是必不可少的。

　　航空军医的以上职业目标是好的，但从一开始招生飞行员与航空军医的初次会面起，二者之间建立起一种融洽的亲密关系便极为困难。部分招生飞行员对最初的这次会面充满了担忧。担忧是一定的。招生飞行员的选拔工作是航空军医最早、最重要的任务之一，而且一直到今天都是如此。从一开始，人们便普遍接受一个观点，即良好的身体条件和心理状态构成对于飞行员后续的合格性而言是一项先决性条件，尽管早期的某些需求条件在今天看来有些可笑。例如，1917年英国的某些医生认为，一个人达到开飞条件的最好证明是具有骑马的能力。然而，早期其他的一些需求条件中，大部分条件是有一定意义的，而且也一直应用到了今天，这些条件包括视力、身体协调性、平衡性以及抗压能力。近几年来，其他方面的测试也被加入到了初次飞行员体检中，其结果就是，一旦被测试通过，飞行学员们就很难再会因身体或心理因素被淘汰出局。这也并不是说以后就不会再有人出现身体或心理问题，但出现问题的人会被检查出来并得到治疗，其根本目的还是令飞行员再次达到开飞条件。

　　在航空界早期，人们已经认识到，除了身体条件合格外，飞行员的初次选拔还应考虑能力倾向测验方面的问题。一直到1940年之前，都没有一种很好的方法可以完成此类能力倾向测验，但1940年后不久成立的彭萨卡拉航空医学院发起了著名的"彭萨卡拉海军航空兵研究"项目，该项研究课题在阿什顿·格雷比尔医生的支持下开展，之后成为名声更为显赫的"千名飞行员研究"项目。参与研究的飞行员接受了各种各样的测试，这些测试项目都是人们所能想到的、最有可能预标识飞行学员将来能否顺利通过飞行教学大纲的预测指标。最终，飞行能力等级（FAR）与飞行资质测试（AQT）这2种测试方法被采用。之后的岁月里，尽管人们对这2项测试进行了一些修改，但FAR与AQT一直是预测飞行学员将来能否顺利通过飞行训练、成为一名合格飞行员的最佳指标。

在位于彭萨卡拉的研究院，阿什顿·格雷比尔医生（见图10.3）取得了海军航空医学领域方面的开创性成果，但在这之前，他已经是一名远近闻名的心脏病科医师专家。在20世纪30年代末期，他在哈佛大学开发出了测量心血管功能的医学方法，并与保罗·达德利·怀特医生共同合著了一本名为《心电图的实践应用》的著作（英文名为 *Electrocariography in Practice*），该著作在20世纪40年代至60年代一直作为标准教科书使用。

图 10.3　阿什顿·格雷比尔
（资料来源：*Foundation*，海军航空博物馆基金会季刊）

在二战期间，他对疲劳与心血管健康对海军与海军陆战队飞行员的飞行效能影响这一课题展开了研究，并发起了具有开创意义的"千名飞行员研究"项目，这一研究项目一直到今天仍在继续。在1945年至1970年间，他被任命为海军航空航天医学研究院（NAMI）的主任，从那之后一直到1980年，他担任海军航空航天医学研究实验室（NAMRL）生物科学部的主管。后期阶段，他开展了一些试验，以研究加速环境下对内耳、身体循环系统与肌肉控制器官的影响。

由于他在 NAMI 与 NAMRL 所做的工作，他被很多业内同行认为是现代海军航空医学的"教父"。

由于海军飞行员经历了严格的选拔与测试，且这些选拔与测试已被证明是真实有效的，所以飞行员们在之后的岁月里最多也就是会得些"一过性"疾病。他们时不时地也会有一些心理问题，例如对夜航感到恐惧，还会出现一些因酒精影响判断的个例，但这些事件对事故率不会产生重大影响。换句话说，在事故率居高不下的影响因素中并不包括选拔、测试与筛选不当，而对于选拔、测试与筛选的改善也不会影响到事故率的降低——人们之所以这么认为要归咎于航空航天医学的专业声誉。

> 小知识："一过"就是一下子过去了，比如一过性头痛、一过性腹泻等。一过性是指某一临床症状在短时间内出现，往往有明显的诱因，但随着诱因的消失，这种症状会很快消失。

在有人驾驶飞行（载人飞行）的早期发展历史中，人们认识到除了初始检查与初次测试外，机组人员在环境与身体方面所面临的挑战与地面活动相比是截然不同的。处理这些挑战要用到医学专业的相关知识，这些知识以后发展成了完整的航空医学专业。不久之后，在那些避免人员与装备损失、提高飞行机组人员效率的所有努力中，航空医学的纳入成为其中最为重要的一环。因此，人们建立起了一种持续不断的生理训练机制，并设计开发了一些乘员装备以最小化飞行环境对人的影响。

从一开始，飞行员与医生们都最为关心的一个问题是陌生环境对飞行作业的影响，以及地球表面上不常见的物理现象对飞行员的影响。为了使飞行员能够在上述环境中存活下来，人们开展了应对性训练，并开发了一系列专用设备与设施，这些训练与设备设施由航空医学专业人员负责实施运转。所有这些训练都来源于过去出现的一些困难与教训——有可能是某次具体事故，也有可能是某次侥幸脱险的事故，训练中每个元素的建立都是为了最小化类似事件再次发生的概率，而且万一发生了类似事故，还可为机组人员提供一种恢复的方法。多年以来，该类训练拯救了大量人员生命，避免了多次飞行事故，多次降低了所发事故的严酷等级，并减少了大量不必要的军费支出。所有这些都对早些年间事故率的急剧下降做出了一定的贡献。

在所有地面上不常见的物理现象中，首批需要解决的现象之一便是高空缺氧现象。在 20 世纪早些年间，保罗·伯特了解到，通过吸氧能够克服缺氧对人体的影响，因此他便成了众所周知的"高空生理学之父"。1918 年，人们在纽约州米尼奥拉市的航空服务医学研究实验室建立了一个低压舱室，以调查并训练高空飞行项目。在此项工作的基础上，直到近些年，缺氧对招生飞行员与机组人员的影响才在低压舱室中得到了证实。

早些年间，人们还解决了其他一些对人体产生影响的飞行物理现象所造成的问题。今天所用的每一种个人防护系统，其来源都可追溯到过去发生的一些事故或未遂事故所带给人们的经验教训。逃逸系统是一个这方面的例子。紧急求生训练在二战前开展得比较好，但当喷气式飞机出现后该项训练就被逐渐荒废了。真正属于美国的第一代喷气式飞机上的弹射座椅，是由医务人员与医师一起合作开发出来的，时间是在 1946 年。从那时起，航空航天医务人员便继续与工程师们紧密合作，并陆续开发出了弹射座椅系统的后续版本。当前，如果哪架高性能喷气式战术飞机上没有配置双零弹射座椅的话，那简直就会成为一件不可思议的事（双零弹射座椅是一种飞行员在零高度、零速度条件下仍能安全落地的求生弹射系统）。弹射座椅训练器（见图 10.4）是与弹射座椅一同产生的。通过在这些训练器上练习，机组人员的信心一点一点得到增强，他们慢慢相信万一发生不可测事故，他们仍能活着回来告诉大家所发生的事，并能在将来某一天重新驾机飞行。然而，这只是个开始。现如今，我们已经有了体能训练、水上求生训练、夜视训练、在重力加速度的影响条件下的训练,以及空间定向障碍训练,另外还有之前提到的缺氧条件下的训练、弹射座椅系统训练、紧急求生训练以及降落伞跳伞训练。

图 10.4  弹射座椅训练器

(资料来源:*Foundation*,海军航空博物馆基金会季刊)

**小知识**:弹射座椅首先由德国人研制成功,当时是以压缩空气作为弹射动力源,之后便改为以火药作为动力源。到 20 世纪 50 年代时,弹射座椅已在喷气式飞机上普及开来。为解决低空救生问题,英、美等国又于 50 年代研制出了火箭助推的组合动力弹射座椅。60 年代时,出现了密闭、半密闭式的弹射救生系统。70 年代时,美国试验成功了可弹射救生系统,座椅在离机后变成了可控飞行器,救生性能可满足零高度、速度为 1200km/h 条件下的救生。弹射座椅不仅是喷气式飞机的专利,俄制的 Ka52 型攻击直升机也装备了弹射座椅,并已经过了实战检验。

> **小知识**：当前世界上的所有弹射座椅几乎都具备零零弹射功能，可保证在零高度、零速度下仍能百分百弹射成功。尽管如此，飞行员能否安全落地还受其他因素的影响，如弹射角度等。

　　海军飞行员与机组人员从飞行学院时便开始了生理训练，且生理训练会一直贯穿他们的职业生涯。生理训练包括相当宽泛的课程，所有这些课程对个人、对飞行安全，抑或是对两者都非常重要。这些训练可能会在航空医学安全官（AMSO）的直接监督下进行，甚至是由航空军医直接负责，两者共同决定了飞行员应进行哪些训练以及课程与训练的频次，其中 AMSO 是指通过飞行安全员相关课程的航空生理学家。

　　航空军医在另一领域的工作也是为了解决过去普遍存在的一些困难，即机组人员防护装置。从开发安全带、供氧设备、安全头盔开始，航空军医便持续参与并关注个人防护装置的开发应用。现如今，多种不同的此类设备被应用在了海军航空兵身上，其品种范围包括当前看来相当基础的防火飞行服、越来越好的安全头盔（飞行员头盔）、供氧系统、抗荷服、逃逸救生系统、寒冷气候下的特种作战设备、浮筒式起落架以及救生背包等。几乎所有此类设备都是沿着这样的一条路发展出来的：一名航空军医发现了一个必须要解决的问题，然后在航空医学实验室网络的支持下，将舰队中针对此项问题自发创作出的多个个人防护装置拿到手，之后再将其设计成可行的解决方案。用此方法，首代安全腰带与之后的座椅背带被开发了出来；氧气面罩取代了氧气瓶管道直接吸氧；安全帽取代了布头盔。由实际需求推动产生的改进措施多种多样，之后在航空军医们的指导下这些改进措施又推动了作战与安全方面的效能。一个特别值得注意的事件是对于缓解加速度对人体的影响而进行的一项设计，即二战期间初代抗荷服的设计问世。

　　飞行甲板上的工作人员与一线作战人员也能从中受益。看一看二战时期的电影就会获得一些启发。那时航空母舰上的机组人员接到作战命令后会冲出来，此时他们身穿粗蓝布裤子、短袖衬衫，或是将袖子卷上去，头戴布头盔或什么都不戴，且大多都没有听力防护设备。再来看看今天的电影中航空母舰机组人员的着装，并做一个比较：袖口纽扣紧系，身着充气救生衣，头戴护颅头盔，头盔上带有你所能找到的最好护耳用具。所有这些系统都是由航空军医和其他航空医学专业人员在勤奋且持续不断地努力下才改进完成的。无论是对于飞行人员而言，还是对地面工作人员或甲板工作人员而言，这些对于个人防护设备的改进历程都具有一定的相似性。

然而最后要说的是，就像航空军医们已做出且持续做出的很多贡献一样，这些改进措施对事故率带来了逐步递增的改善效果，这些措施并不会导致事故率发生突变。这些举措及其他方面的措施对于空勤人员（与地勤人员）长期保持身体健康，提高作战效能，为地面或飞行甲板上的恶劣工作环境提供防护是必不可少的，但对已发布的安全记录而言并不一定会带来改善效果。尽管如此，所有的这些改善措施都非常重要，而且在任何讲述海军航空安全发展史的史话中，如果没有提及上述改进措施，那都将是不完整的。以上所列的所有改进措施以及其他方面的改进，一直处于不断进步的状态，而且这些改进很多时候都来源于已发事故或未遂事故所带来的经验教训。不管贡献是来自中队的航空军医还是实验室的航空军医，抑或是介于两者之间，再或是包括以上所有类别，如果没有航空医学的介入，那么很多众所周知的改进措施可能就根本不会出现，而事故率也可能会反映这一点，并受其影响而长期得不到较大改善。

基层单位一级的航空军医们，其职责不但包括对相关飞行装置的更新改进提出指导意见，还负责对空勤人员与相关保障人员的身体健康进行观察与监控。长期以来，人们已经认识到保持良好的健康状态与个人体能对于一名合格的海军飞行员而言是十分必要的，而大家普遍都认为达到并保持良好的身体与体能状态是飞行员个人的事。然而，毫无疑问的是对于个人如何保持个人健康与体能状态满足开飞条件这一问题，航空军医与单位的指挥官一起才能够给出最佳的建议。从最初年代开始，航空军医就对此负起了主要责任。他们完全认可"一名飞行员就如同他所驾驶的飞机一样需要进行预防性维修……他必须要保持身体状态良好以满足熟练的感知运动性能要求,能够应付陌生的环境、不常见的压力以及较小的误差容限。"尽管体能这一领域非常重要,但其工作通常又是难以让人察觉的,且在很大程度上是被认为理所当然的。人们很难统计出体能方面的工作所挽救的生命数量与避免的事故次数;一言以蔽之,在领导层、飞行员个人与航空军医的共同参与下,保持飞行员身体健康方面的工作得到了维护与发展,并因之而促使了这些年来事故率的持续下降。

不幸的是,尽管有完善的飞行员选拔标准,综合性的生理训练,健康的心理与身体状态,以及最佳的个人防护装置,事故仍然会发生,而且只要发生了事故就必须进行调查。如上所述,除飞行员的初次筛选工作外,事故调查是航空军医最早期的职责之一。很快人们便认识到,如果一项事故调查没有医学专业人员或航空军医的帮助,就不能称之为一项完整的事故调查。理想情况下,如果参与调查的医学人员有航空飞行方面的经验的话那就更好了。从那些早期事故调查当中,不但能够得出分析事故死伤原因的医学论文,而且通常会获得将来如何避免同类事故再次发生的预防建议。安全带、飞行员防撞头盔、可靠的供氧系统、抗荷服、甚至是座舱的布局都是来源于此。在海军航空安全活动处首次组建时,人们便设立了医学安全部,这是绝非巧合的。

为了便于人们学习事故经验教训,调查团队的成员们努力且详细地调查事故发生的各种可能因素。尽管如此,对于非医学调查团队的成员而言,他们很难辨识出存在于人机接口中的故障与过失。过去经常使用的方法是将其归类为"飞行员操作失误"或"机组人员的错误",然后一切照旧。幸运的是,即便是在早些年间,事故调查团队中的航空军医们也会经常坚称事情远非如此,并会调查飞行员犯操作错误的原因。即使是在一些所谓的材料失效的事故中,某些类型的人员因素也通常是事故发生的诱因之一。可能是飞行训练的某些方面存在缺失,或是某些训练科目并不适用，从而增加了人为错误的发生风险。可能是某些人误用了某项功能或某类设备，或是相关飞行装置缺乏维护保养，又或是相关飞行装置的设计存在缺陷，再或者是重做返工的相关飞行装置未能达到标准要求。事故调查的反馈结果被用于调整训练方案，并为科学家与工程师们研发新飞机、改装现有机型提供了大量第一手数据。

人们将这些由航空医学专业人员所做出的调查结果称为"人员因素导致的错误"，调查人为失误事故也成了飞行事故调查的重要组成部分。这并不是说航空军医对其他方面就没有贡献，他们绝对是有的，但事实证明他们在这一领域的工作是最重要的。即便如此，除了事故调查外，航空军医及其同事们也会出现在实验室及野战医疗设施中以寻求问题的答案，而且最好是在出问题之前就能找到避免问题的方案。位于费城的航空医学实验室与航空局的一项合作是早期此类航空医疗贡献的一个证明。该项合作被报道在了1955年的《海军航空新闻》期刊上，合作目的是为了实现"飞行仪表的先进性"，合作事项的关注点是在新式飞行仪表的开发过程中如何满足飞行员的信息需求这一课题。上面这些努力，再加上航空军医及其他航空医学从业人员关于调查事故诱因不能止步于"飞行员操作失误"的呼吁，直接促成了"人员因素"这一概念的产生。上述航空医学实验室与航空局的合作以及航空研究的衍生成果，共同产生了当前事故次数不断下降的主要推动力。同样的，这已成为海军航空领域完好性与完全性方面的一个日益重要的研究课题。

所有这一切都始于航空业最早期的那些年份，当时对于操作规程的描述与航空设备的设计制造有些粗制滥造，而且人们对这些方面的感知需求也很低。但即便是在那个年代，早期人员因素方面的研究人员，通常是由航空医学专业的人员担任，他们已在大力敦促操作规程方面应当实现标准化，座舱仪表的操纵杆与手柄的位置应当合理，其尺寸应适宜于座舱等方面的改进。同时还出现了许多以减少人员困惑感、降低人员压力为目的而设计的创新设备。然而在1955年至1964年间，在所有的海军事故中，仍有 72% 的事故原因中包含着人员因素的影响。因此，人们迫切需要设计并实现一套系统，其功能应包括能够发现人员因素方面的问题，提供问题的纠正措施，并随之提出更加合适的训练方案与装备修正方案。幸运的是，战后航空医学实验室与航空局这两大部门的合作越来越紧密，从而使得人们对人员事故因素的研究课题越来越关注。不久后，这一课题被人们称为"人为失误因素"。

正如结果所证明的那样，这一努力的时机与航空医学从业人员较早期的工作契合得很好，与航空董事会的工作、安全中心组织的系列研讨会、其他类型的学术研讨会也都很相称。合作产生的成果中最重要的一项是对于人为失误这一课题总体框架的发展。人们重建了已有的事故数据库，设计了新的事故调查方法。这些工作所带来的直接结果是，部分由人为失误所造成的事故很快就被凸显出来了。1963 年 11 月的一次在希腊雅典举办的国际航空安全研讨会上，海军少将爱德华·C. 奥特洛向人们介绍了人员因素的重要性，那时他的身份是海军航空安全中心的负责人。之后在 1969 年 8 月份，在由 MIT 航空与水下医学项目之前的一次访谈中，海军陆战队上校弗兰克·奥斯丁提出了下述建议：

- "有必要建立一项有效且易于获取的监控指标，以便在开飞之前确定出飞行员的生理状况与心理状态。"

- "由于人员因素一起占据着海军飞行事故总量的 55% 以上，因此我们在海军航空业务方面的主要工作就是继续利用一切可以利用的资源去找出这些人员因素并解决它们。"

> 弗兰克·奥斯丁上校（见图 10.5）是少有的几位既取得航空军医从业资格，又取得海军飞行员飞行资质的医生之一。另外，他还是第一个从试飞员学院毕业的航空军医。试飞员学院位于马里兰州的帕塔克森特河市。

1959年至1963年间，他在塞西尔菲尔德海军航空站第4飞行大队与VF-174中队同时担任航空军医与飞行教官2项职务。当他在VF-174中队任职时，他还在NASA"水星计划"任务中短暂地承担过一些临时性工作。从1963年至1965年，他在"企业"号航空母舰（CVAN65）上担任高级医疗官。

图10.5　弗兰克·奥斯丁上校
（资料来源：*Foundation*，海军航空博物馆基金会季刊）

1968年他成为诺福克海军安全中心航空医学分部的负责人。在那里，他作为核心成员开发了一套系统，该系统的功能是对飞行事故中的人员因素进行分类。特别地，由于他向海军、海军陆战队、并最终为空军和联邦航空局引入了人员因素的重要性，因此他获得了很高的荣誉。

他还曾在大西洋舰队海军航空司令部参谋部担任过部队医疗官，并在此之后不久就担任了海军医药局的航空医学主任。

他于1978年10月从海军退休，退休后仍继续在NASA与联邦航空局担任航空医学方面的专家，且在工作中仍表现得年富力强、才华横溢。

之后，弗兰克·奥斯丁上校向大家介绍了海军人为过失研究与分析项目（HERAP）。HERAP从各种来源接收输入数据，特别是从各舰队与各实验室的航空医学从业人员那里获取数据。之后这些数据会被分析并将结果发给最终用户，最终用户包括舰队作战人员、维修人员、军需后勤人员、仓库人员以及各制造商。这些数据虽然是有些粗糙，但仍会被依次用于飞行作业、维修、供应链、各类手册，甚至是设计与制造等方面的修订与改善。很快，由人为失误导致的事故比例开始下降了。因此，发展人员因素学科开始受到人们的重视，这一学科也被越来越多地用于研究如何才能更进一步地降低事故率。为便于开展相关研究，许多航空医学人员、科研人员与科学家联合起来共同建立了一个调查人为失误的系统，系统的功能是产生比 HERAP 更详细、操作性更强的数据。从那时起，该系统一直被人们称为"人员事故致因的瑞士奶酪模型"。瑞士奶酪模型系统于 1990 年由詹姆士·T. 里森发表，由斯科特·夏佩尔、道格拉斯·A. 维格曼思等进行了改进（第 11 章将对此进行更加充分的讨论）。

> **小知识**：瑞士奶酪模型，也称为"Reason 模型"或"航空事故理论模型"，主要思想是：人们的组织活动可以分为不同层面，每个层面都存在漏洞，不安全因素就像一个不间断的光源，当光刚好能透过所有这些漏洞照射到另一边时，事故就会发生。这些层面叠在一起，犹如有孔的奶酪叠放在一起，所以有此名称。

现如今，各海军航空部队在每次下达开飞简令时之所以会讨论人员因素，与当年航空医学人员的早期工作息息相关。而且，从各方面看整个工作都是海军航空安全计划的主要部分。这些方面中包括了航空维修与设计安全。关于航空维修将在第 12 章介绍，设计安全将在第 13 章介绍。如今，人员因素的框架不仅在海军与海军陆战队内部得到了广泛运用，而且在其他军事航空单位、商业航空与通用航空界，人员因素框架也被作为一种系统化测试潜在人为因素与改善飞行事故调查的方法而得到了普遍使用。

除了上述内容，航空医学的工作范围远远超出了飞行中队、飞行联队、各舰艇以及各类飞行相关人员。一个例子是长期运行的遣返回国战俘（RPOW）研究项目，该项研究由位于彭萨卡拉的海军作战医学研究所负责，在某种程度上效仿了千名飞行员研究项目。美国海军陆战队的罗伯特·E. 米切尔上校是 RPOW 项目的主要组织者，他曾在千名飞行员研究项目中工作过。在 RPOW 研究的早期阶段，研究者使用了部分与千名飞行员研究项目中相同的测试，后来开发的测试又对其进行了扩展。米切尔上校还安排招募了一个对比小组，小组成员所具有的战争背景与 RPOW 研究项目中的战俘类似，但他们并没有被俘的经历。该项研究一直到今天仍在继续，迄今为止的研究结果倾向于表明，RPOW 的项目选拔与航空医学的训练可帮助人们在长期的战俘监禁期内忍耐并存活下去。事实上，有报道称随着被研究群体的老龄化，对比小组中出现的人员异常要比 RPOW 中出现的异常现象多，这可能是因为深奥的"适者生存"因素的影响所致。

> 罗伯特·E. 米切尔医生（见图 10.6）于 1944 年被任命为海军少尉，之后进入蒙特利尔的麦吉尔大学学习，并在此获得了医学博士学位。1955 年他历经医学实习、住院医师培训后，成为一名航空军医，之后他进入彭萨卡拉航空医学院研究部工作，并在此开启了他人生中三阶段服役期的第一个阶段。
>
>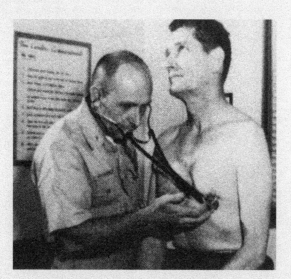
>
> 图 10.6 米切尔上校与乔·福斯
>
> （资料来源：*Foundation* 海军航空博物馆基金会季刊）
>
> 在服役期间，他与阿什顿·格雷比尔一起积极参与了"千名飞行员

研究"项目，该项目的设计目的是长期追踪1000名海军飞行员的职业与生活轨迹，评估这种职业对个人及行业的影响。该研究项目始于1940年，且一直运营到今天仍在继续。

1958—1960年，他担任了"香格里拉"号航空母舰上的高级军医官，1965—1966年他在第一海军陆战队航空联队担任联队的航空军医，当时该联队在越南执行飞行作战任务。

在返回彭萨卡拉后，他于1970至1975年担任海军航空医学研究实验室医学科学部的负责人，之后他接管了整个研究实验室。1973年他力主建立了一个项目，主要评估越南战争后被遣返的海军与海军陆战队战俘的健康状况。1976年他又建立了一个与该项目并行的对比研究小组项目。

1982年他被选为越战战俘协会（NAM-POW）的名誉会员。该协会于1986年在海军航空国家博物馆为他建造了一座牌匾以表示对他的敬意。1989年他被选为"海军航空兵先驱与早期人员协会"的名誉会员，被授予"金鹰"勋章。

**小知识**：麦吉尔大学始建于1821年，位于加拿大魁北克省的蒙特利尔，是一所蜚声全球的世界顶尖学府，百年来在国际上声誉颇高，长期位列加拿大大学排行榜前列，有"北方哈佛"的美誉。截至2019年，该校共培养了14位诺贝尔奖得主，144位罗德学者，8位国家元首，5位宇航员，3位普利策奖得主，1位阿贝尔奖得主，1位图灵奖得主，11位格莱美奖得主与9位奥斯卡金像奖得主。2019年QS世界大学排名中位列全球第33名，其中微型机器人、神经再生与功能恢复、人类疾病的遗传基础、癌症研究、电信研究、国际危机行为、海洋产品、政治科学等领域的研究是该校强项。我国民众所熟知的白求恩大夫曾在该大学附属医院工作过。

从更广泛的意义上说，航空医学的科学、研究与发展不但对安全方面至关重要，而且对人员、飞机与系统可靠性与性能的稳步增长也起到了关键的作用。很多工作都是在一些偏远的实验室与其他科研活动中完成的，他们的工作很少被较大型的科研社团关注到。尽管如此，这些工作不仅让海军与海军陆战队从中受益，而且其他军种、NASA、国家运输安全委员会（NTSB）、联邦航空局（FAA）以及其他一些国际机构也从中受益匪浅。所有这些工作的最终结果就是，不管是军事机构还是商业航空部门，基于此而挽救的生命与装、设备，以及由此而提升的作战效能都达到了一个更高的水平。

除了其他方面的贡献，当航空医学从业人员与较大型的海军航空团队相结合时，通常会对安全性与战备完好性等非医学方面做出意想不到的贡献。对于那些专注于处理日常工作的人们而言，日复一日的工作有时会让他们错失改进安全与效能方面的机会，而这些机会可能就近在眼前。而航空军医可以站在旁观者的角度，利用多年医学实践磨炼出来的观察才能，往往能够察觉到这些机会。这方面的例子很多，下面举一个这方面的典型事例。在20世纪60年代中期，许多工作在航空母舰舰艏弹射器附近的甲板工作人员，会因喷气式舰载机的喷射气流或螺旋桨尾流而被吹到了一边。有2名工作于航空母舰上的航空军医同时意识到，如果在靠近拖索回收索的飞行甲板边缘处安装一些简易的缓冲网，那么就可避免人员受伤，并可能挽救生命。这2名航空军医分别来自大西洋舰队和太平洋舰队。后来，前轮索引弹射器的出现使得航空母舰上不再需要拖索回收索与缓冲网。但在当时这一建议挽救了不少人的生命，由此所避免的人员伤亡数字即使是这2名航空军医也不知道。

> **小知识**：拖索回收索，在二战时的航空母舰上是一种消耗品，弹射一次就掉入海中，无法回收。战后改装或新建的航空母舰上也没有马上安装后来出现的拖索回收角，这在弹射起飞重量不大的螺旋桨舰载机时问题并不是很大。但当到了喷气式舰载机时，问题就很严重了。这是因为喷气式飞机起飞重量大，弹射起飞速度高，这对拖索的尺寸与

> 重量有了更高的要求，从而导致拖索成本急剧增加。因此在弹射索上又增加了一根细索牵制，使其不至于再掉到海里，这根细索即是拖索回收索。
>
> 回收角，是在一些航空母舰飞行甲板的前端伸出的角状物，这些角正对着弹射器的前面，角的前端两侧张着网兜，拖索可落在网兜内而再次使用。这些角就是航空母舰拖索的回收角。1964年，美国试验成功了前轮式弹射方式，拖索开始逐渐退出历史舞台，在当前美国新建的航空母舰中几乎不会再看到回收角了。
>
> 这里介绍航空母舰上的2种弹射方式。舰载机弹射起飞时都是利用弹射器轨道上的滑块将飞机高速弹射出去，而依据舰载机与滑块的联结方式，可将弹射起飞分为拖索式与前轮牵引式2种。
>
> 拖索式弹射时，甲板工作人员先用钢质拖索把飞机挂在滑块上，再用一根索引释放杆把其尾部与弹射器后端固定住。弹射时，猛力前冲的滑块拉断索引释放杆上的定力拉断栓，牵着飞机沿轨道迅速加速，在轨道末端把飞机加速至起飞速度并抛离甲板，之后拖索从飞机上脱落，滑块则返回弹射器起点准备下次弹射。
>
> 前轮牵扯式弹射是美国海军1964年试验成功的一种新型弹射方式。舰载机的前轮支架装上拖曳杆，前轮直接挂在滑块上。弹射时由滑块直接拉着飞机前轮加速起飞，这样就不用甲板工作人员挂拖索和回收拖索了。因此前轮弹射所需时间较短，飞机的方向安全性也较好，但需要专门设计舰载机的前轮。当前美国核动力航空母舰上都采用了该种起飞方式。

当人们提及对安全方面的贡献时，通常来讲航空医学从业人员都没有得到他们应有的认可。大部分时间内他们都工作于幕后，最早是直到海军意识到了人员因素的价值后，他们才被推到了台前，而这也是最近才发生的事。在所有我们曾讨论过的内容中，读者可以看到他们所做的针对各方面的贡献，但这些贡献都是自然逐步增长的。提及对个人方面的贡献，浮现在人们脑海中的是建立了飞行员的身体标准与心理标准，推出了衡量是否适宜放飞的测试，突出强调了体能锻炼的重要性。提及对飞行装备方面的贡献，航空医学从业人员开发并在之后完善了安全带、安全头盔、供氧系统、抗荷服等设备。几乎是从一开始，海军航空医学这一团体就对海军航空安全做出了重要贡献，而自20世纪50年代以来它们的贡献格外大。

可能是有感于自己被较大型的航空安全团体忽视了，或者也有可能是因为其他方面的原因，航空军医们只是偶尔才会宣传他们所做工作的有益方面。不幸的是，宣传的形式就像"给唱诗班传教"一样，仅是他们同事之间开个会或是举行一个专题座谈会而已，很少会有"作战人员"参加。例如，航空医学协会每年都会举办科学会议和专题研讨会，并且每月都出版月刊。不幸的是，很少有非医学专业的人员参加此类会议或是阅读这些月刊，外人对这些涉及整个航空医学方面的知识宝库知之甚少。

总之，海军航空医学是海军航空安全领域一项存在已久且极其重要的因素。由于航空医学所做的具体贡献是在长时间内一点一滴累积起来的，因此人们经常会忽略这些贡献。然而，如果没有海军航空医学人员的长期参与，如果海军航空医学人员没有对安全性做出那么多的贡献，那么在挽救生命，保护装备，以及提高完好性方面可能就不会有那么大的进步。而且，即便是飞机、飞机系统、机载传感器变得更加可靠了，"对用户也更友好"了，预防性维修也达到了它的潜力，对机组人员、维修人员与整个保障网络的训练也更加重视且与所执行的任务的匹配性更高了，但海军航空系统中的人员部分很可能在将来会取得最大的进步。当此发生之时，当前并不受重视的海军航空医学最终会得到人们的充分肯定。

# 第 11 章

# 人为因素之探索

没有什么比称之为飞行员失误更恰当的了。

无名氏

长期以来，人机接口是航空界最困难、也是风险最高的因素之一。人为因素科学正是处理人机接口问题的学科。这一概念并不新鲜。在20世纪60年代末期以前，人为因素在航空界，特别是在海军航空界还未被划归此类。相反，包含人员方面的事故诱因会被列为飞行员失误、维修失误或其他一些笼统的概括性名词。今天我们所熟知的人为因素科学在当时并不重要。当时人们所重视的是将飞机搞上天，执行任务，然后返回母舰或航空站，且在此过程中不要造成飞机损伤，也不要有人员伤亡。现如今，根据从人为失误分析中习得的经验教训，今天的海军与海军陆战队飞行员所掌握的知识足以震撼那些只能通过实践来总结经验的前辈们，即以前的飞行员只能从一次次地系好安全带、启动飞机起飞的过程中总结出经验。即便能够从初步的情况介绍中了解一些知识，例如驾驶双座飞机[1]时，飞行员可能仍然要控制曲柄收起襟翼与起落架，使用手持麦克风，操作无线电（如果有的话），并在没有座椅背带的情况下降落，这通常会导致飞行员的脸部意外撞向位置不当的瞄准具。

---

[1] 海军舰载战斗机一般是单座的，而教练机是双座的，此处双座飞机指教练机。——译者注。

与之前相比，现在的情况已经不同了，而且是大不相同了。人为因素在设计、维修、事故预防以及事故调查任务中是处于核心位置的。一般而言，令老一代海军飞行员稍感惊讶的是，人为因素在每次下达飞行简令时成了一项重要的汇报主题。同样重要的是，人为因素在任何涉及规程变更的讨论中都是重要的一个方面，而且在飞机设计、维修与保障任务中也处于前沿与中心地位。在事故率日益降低的过程中，对人为因素的关注扮演了十分重要的角色，而且可以预见的是，在将来人为因素甚至会更加重要。

在20世纪60年代之前的海军航空界，当发生人员失误导致事故发生或未遂事故时，事故的原因通常会被列为：由机组人员或维修人员导致的人员方面的失误，系统操作不当，系统设计不良。对于此类错误的纠正方法要么是对所涉人员进行停职或解雇，要么是对他们进行警告劝诫或重新培训。尝试与舰队或工厂沟通以分享"事故经验教训"的例子很少或几乎不会发生，只有个别事件会在"老爷子佩蒂伯恩"的漫画专栏上展开讨论，或是在 *Approach*、*Crossfeed*、*Mech* 等期刊上发表，或是在休闲放松时相互交流一些个人经验。而对于"人为因素"这个概念，飞行界甚至很少提及。

然而，其他领域中也使用了人为因素这一术语，特别是在学术界或在各实验室中，例如位于费城的海军航空实验室，海军航空局的工程师群体，航空医学团体，海军安全中心的设计工程师与领导层。一个特别重要的分水岭出现在1963年11月，当时海军中将奥特洛在雅典发表了一篇关于人为因素的演讲，本书在第10章曾介绍过演讲的部分内容。一些处于发展阶段的社团逐渐意识到了人为因素的重要性，他们做出的所有努力开始有了回报。海军安全中心为人为因素概念的传播和从事故与事件中得到反馈这样的做法提供了便利，而这些便利又导致了新型飞机的出现。设计这些新型飞机不仅要增强作战效能，而且也包括减少人员损伤与保护装备的安全。在可能的情况下，人为因素方面的经验教训也会成为较旧型飞机改装的基石与依据。

工厂也认可了人为因素的重要性。事实上,在很多情况下工厂引导着海军与其他军事领域的发展。然而无论是哪一家首先意识到了人为因素的重要性,人为因素的应用都需要达到一种全新的专业化程度。针对这项需求,人们创立了"人体工程学"这一学科。在航空业的早期阶段,这一学科的重要性明显要低于航空工程、结构学、推进力学、电子技术以及本领域内的其他专业。尽管如此,那些从事人体工程学的少数人员还是能够经常得到来自医学研究人员的帮助与鼓励,他们坚持不懈地开展研究并取得了一些进步。不幸的是,在海军与海军陆战队的各飞行中队内,人体工程学从业人员所取得的这些进步,其应用范围通常都仅限于局部的改进措施中,所处理的问题也是某项事故与某次损伤的具体原因。

然而,人们并不是认为人为因素这个课题不重要。在航空业最早期的岁月里,人们对规程描述与设备精细程度的感觉性需要还很低。从那时起,早期人为因素的专家们就呼吁进行标准化的工作,并力主将座舱内的仪表、操纵杆与手柄安置到合适的位置上,且应具备适当的形状尺寸。这些早期专家通常是航空医学方面的从业人员(正如第 10 章所见)。他们也提出了许多革新,这些革新的设计目的也都是为了降低座舱内的困惑感和压力感。然而进展缓慢,人们倾向于忽略人为因素的相关知识。假设人为因素没有被忽略的话,那么人们可能就会重视涉及人员领域、能够界定问题并提供改进措施的这样一套系统的现实需求。然而,当时的人们对于其他问题的关注度更高,例如在训练与标准化方面(参见第 9 章)。但到 50 年代末 60 年代初期时,海军与海军陆战队的事故率下降到了较低的水平,事故率越来越逼近极限值,此时再研究其他领域对事故率下降的期望贡献已经不大,因此便开始研究人为因素了。

> **小知识**:感觉性需要,是指在社团中,当大部分成员感觉某些需要与期望不能满足自身,且将这种不满足感表达出来时,便称为成员的感

觉性需要。这种需要可能是主观的感受，也可能是基于客观事实而产生的感受。

即便是在此之前，二战期间已有一批心理学家与工程师被调派过来帮助进行飞机仪表与操纵系统方面的配置工作。他们很快就发现有很多工作要做。在今天被人们称为人为因素的领域内，早期发展中的很多方面都源自于这批专家的工作。他们的目标是使设计的飞机尽可能地匹配人类极限；最初他们专注于使显示系统、操纵系统与机内空间适宜于机组成员。由于二战的紧迫性，他们的成果有好有坏，但他们的努力与所取得的科学成果对作战效能与安全性一直都是十分重要的。

人为因素专家们的工作很快就在几款战后飞机的设计中得到了体现。在这些机型中，道格拉斯的 AD 天袭者是一个最好的例子，尽管该机并不是第一型按人体工程学理念建造的飞机。在 AD 天袭者飞机之前，设计师们要考虑各类仪表、操纵系统、操纵杆、操纵开关的机上布局，但在 AD 天袭者飞机的设计中，这些设备都被组合配置在了一起。数字仪表按尺寸设定大小，以便能使飞行员感到舒适并利于飞行过程中的即时阅读。起落架、襟翼与俯冲制动器的控制系统也被设计得与其所控项的形貌类似，且这些控制系统的操纵方向分别与所控项，即起落架、襟翼与俯冲制动器的运动方向相同。这些设计方面的考虑对作战效能与安全性而言是一项巨大的进步。然而这只是开始，即使是在此之后，这些系统仍有许多不足之处。研制 AD 天袭者的道格拉斯公司与负责监造的海军航空局的工程师们，为 A-4D 天鹰攻击机设计配备了 2 个看上去很像的 T 型手柄以备紧急情况下使用，并将这 2 个手柄的位置放置得很近。一个手柄用于分离液压伺服作动器控制系统，以允许飞行员在液压失效时回复到机械连接控制；另一个手柄控制应急发电机。这样的布局使得紧急情况下飞行员抓错手柄的可能性很高，而对飞行而言这是灾难性的事件。除此之外，在其他方面天鹰战机称得上是一款优秀的攻击机，而此类存在于天鹰战机与其他型号飞机上的缺陷可以通过训练而加以弱化。但这仅仅是个开始,是较大问题中较小的那部分。只要有充足的时间与资金,大部分设计缺陷都能得到修正;越来越多的困难使得海军领导层慢慢相信,除了强迫飞行员做一些可怜的"脑力劳动"外,要想解决问题还需要采取其他措施。

> **小知识**:机内控制系统与所控项的形貌相同,可使机组人员一眼便知该控制系统是控制哪个装置的,而控制系统控制杆的操纵方向与受控装置的运动方向一致,可大大减少误操作的概率。

除了设计问题,由于从航空业初期开始"飞行员失误"便被人们当作是最常用的事故原因,所以事故通常会被当作任务成本而冲销掉。这一态度在 20 世纪 50 年代比较流行(参见第 2 章)。事实上,在所有的军界与民航界飞行事故中,超过一半的事故都涉及人为过失,还有一些研究声称这一比例超过 70%。然而,人们设计的事故报告系统中很少有能够为辨识具体案例中的人为过失提供具体框架的,海军也不能例外。因此,在分析人为过失时并没有多少可用数据,这使得人们很难证明在事故中有一些可识别的特殊问题需要解决,就更不用说尝试解决这些问题了。另外,在 50 年代时迫在眉睫且能够得到快速实施的工作有:筛选指挥官;提供更加可靠的飞机、发动机与系统;航空母舰向斜角甲板、蒸汽弹射器、镜面光学助降系统过渡;建立 NATOPS 与 RAG 体系等。看上去,所要解决的问题冗余繁杂,但与今天的人为因素方方面面及复杂性相比,这些问题的可解性要更高一些。

尽管如此,航空医学实验室与海军航空局的合作仍得到了越来越多的发展,而这又使得人们对"人员过失"(后来称为"人为因素过失")这一学科的关注度日益增加。同时,民航在众多心理学家与行为科学家的支持与帮助下,也开始关注此类问题。正如我们在第 10 章看到的那样,事情的发展结果证明了此次对人为因素学科的研究时机赶得正好。

由于高层对该学科的关注以及该学科越来越高的重要性,海军航空安全中心建立了人为过失研究与分析项目(HERAP),第 10 章中曾介绍过该项目。HERAP 接收各种来源的数据，但数据多来自舰队与各实验室的航空医学从业人员。分析 HERAP 数据的目的是确定事故根源，并将分析调查结果公告给终端用户、舰队作战人员、维修人员与供给保障人员、各航空站与各制造商。尽管这些分析通常都较为粗略，但仍会被相关人员用于修订与改善飞行操作、维修、供应链、各类手册，甚至是设计与制造方面的缺陷。由人为因素造成的事故比例很快就开始降低了。因此，人为因素学科的发展开始转向探索如何才能更进一步地减少事故率。

尽管在海军航空安全中心的支持下 HERAP 首次得到了应用，但 HERAP 并非唯一的人因项目。事实上，在 1957 年时"人为因素科学"就从海军航空领域独立而建成了一个单独的学科。该学科主要关注人员信息的处理与控制，只是到了后来该学科才逐渐开始包含体能方面的内容。

与此同时，英国人埃尔温·爱德华利用民航事故调查的记录，开发了一种人为因素在作业与设计中的分析模型，该模型被称为"软件、硬件、环境、人件（指人类操作员）"模型，简称为 SHEL 模型。利用该模型，人们可以更好地分析事故，原先被笼统地划归为"人为过失"这一类别的事故诱因中，有大约 70% 的事故原因可被详细地解析为可解决的子类、对策或修复方法。已有的事故数据库因此而被迅速重建，人们很快就设计出了全新的调查方法。

**小知识**：SHEL 模型最初由英国学者埃尔温·爱德华于 1972 年提出，主要应用在工业分析数据与相关信息，特别适合分析动态变化的环境。1984 年弗兰克·霍金对这个模型进行了改良，完善了其中的具体因素指标。之后该模型的应用范围不断扩大，逐渐应用到了人机系统分析领域。该模型要求软件（Software）、硬件（Hardware）、环境（Environment）与人件（Liveware）这四者相互配合协作以达到发挥最大效用的目标，其中

> 人的因素尤为关键。同时，SHEL 模型形象地描绘了现代生产的脆弱环节，即事故易发生于处于中心点的 L 与 S、H、E 及其他 L 的接点位置，因此对安全工作有着直接的指导作用。

HERAP 与 SHEL 模型对于编纂人为过失的作用越来越大。到 20 世纪最后 10 年时，相关分析技术已经把这些人为过失提炼成了构成过失的组成要素。最重要的是，人们发现了一种比"事故链"理论更加有效的事故分析方法，该方法实际上是将事故看作是一系列故障失效事件所导致的后果，且这些在复杂操作中所发生的失效事件即有显性失效也有隐性失效。为了将事故发生过程可视化（如第 10 章所见），詹姆士·T. 里森推出了"瑞士奶酪"模型。瑞士奶酪这一比喻是指，该模型就像是将几片瑞士奶酪叠放在一起，奶酪的每个孔代表着某种类型的失效。当几个孔连成一条线时，就代表当前处于可能事故发生的状态。

> **小知识**：事故链理论的大体思路是，事故不会因为一个单一的错误而发生，而是由多个错误串联在一起引发的。因此，只要断掉事故链条中的任意一个环节，就可以有效避免事故的发生。

夏佩尔与维格曼恩是第 10 章中介绍过的 2 位军医。此后的岁月里，这 2 位军医将人为过失类别划分为技能过失、判断错误、决策失误以及因误解而导致的过失几类。后来，2 位军医又对人为因素分析的类别进行了调整，包括组织影响、不安全的监督、不安全行为的先决条件以及不安全行为（参见图 11.1）。实践证明这些分类法是分析事故原因非常好用的一种工具，它通过系统化地测试潜在的人为因素改善了事故调查的效果。在认识到该模型分析效果的实用性后，美国国防部（DoD）利用保障标准开发并颁布了一项标准代码，即"纳米代码"。国防部人因分析与分类系统（HFACS）对"纳米代码"进行了定义与标准化，并推动了该代码的使用。这些代码代表了以下 4 种主要失效与条件的 HFACS 子类：

- 行为;
- 先决条件;
- 监督;
- 组织影响。

> **小知识**：纳米代码是 QR 代码的一种，可被用于身份验证与种类识别。与普通 QR 代码相比，它所包含的纳米微粒融合了蓝色与绿色荧光墨，代码平时是隐形的，只有在被红外线照射时才会显示。QR 代码是二维条码的一种，本身呈正方形，只有黑白两色，在 4 个角的 3 个位置印有较小的用于定位的"回"字形正方图案，其他区域用于信息存储。

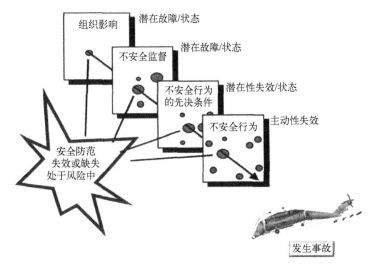

图 11.1 瑞士奶酪模型

（资料来源：海军安全中心）

如此一来，事故调查人员便可进行审查并根据他们的审查结果填充上对应的纳米代码。以此作为切入点，人们便能够考虑设计并实施何种改进措施较为适当。

人们马上就发现，HFACS 的适用范围不仅包括飞行安全领域，在海军航空机务维修安全，飞机系统安全与设计安全领域也同样适用。今天，HFACS 的运用对整个航空安全的面貌产生了前所未有的改善。后来 HFACS 颁布实行，并得到了事故调查员与舰队作战人员的认可，在工作中开始重视人因问题。此后不久，HFACS 就成为海军与海军陆战队下达开飞前简令的一个科目，这样做的目的是期望能够在真正遇到危险之前就能识别出风险，以此来最大化程度的避免潜在事故的发生。倘若做了所有准备工作后仍有事故发生，人们就会对纳米代码进行重新识别与评估，之后再通过各种媒体向大家宣传事故经验教训。另外，各飞行中队与其他航空单位都设置有辨识人因问题的人为因素委员会。重要的是，那些被辨识出来的人因方面的缺陷，都成为了下次飞机设计过程中的重要考虑因素。事实上，HFACS 在当前的应用已远远超出了海军、空军与民用航空领域，HFACS 正以其他各种形式广泛应用于交通运输、制造业、医药业以及其他领域的安全工作之中。

人为因素科学也加强了航空军医与飞机设计师之间的重要联系。在较早期，当医师尝试与设计师们交涉时，设计师通常会撇过脸去不搭理他们。设计师们只是勉强地接受医生们的帮助以解决人机接口方面的一些问题。然而，当二者开始合作时，合作成果带给双方的预收益超出了所有人的预期，而这种合作通常发生在基于人为因素分析某次事故之后。这极大地改善了人机接口，且使得飞机及其操作规程变得更加安全了。因此，设计、维修、操作与医学方面的进步综合起来共同将海军与海军陆战队的事故率降低到了一个前所未有的水平上。

自从采用人因分析作为安全改善工作与飞机事故调查工作的一项主要因素以来，人因导致的事故比例却增加了，其值从 20 世纪 50 年代末期的 72% 增加到了现如今的 80%~90%，从而使得当前人为因素成为了最大的事故风险。乍看之下这一结论着实让人吃惊。然而实际上人们并不需要惊讶，因为许多其他方面的诱因要么被消除了，要么所占比例有了极大降低。另一方面，使用人因分析原理后，事故原因归类更加现实、更为准确。例如，可归类为组织影响，或是监督过失，抑或是先决条件过失的那些事故原因，在以前都被笼统地列为"飞行员失误"。

为了指导作战单位在实践中使用 HFACS，海军安全中心向下属单位颁发了一本袖珍型翻页挂图式的指导手册，名为《国防部人因分析及分类系统（HFACS）》。这本指导手册的简介部分中有这样一段话：

人为过失仍是海军与海军陆战队各类事故的主要原因。单项原因很少会导致事故发生，通常事故是由一系列过失所造成的结果，在某些场合这被称为"瑞士奶酪模型"。人们可以用多种不同的方法来分析事故的根本原因，但调查人员总是会先问为什么会发生这样的事故。从该问题入手，下一个要问的问题是，究竟是什么促使了事故的发生。之后，按照这个逻辑一步步问下去，直到发现那些未能发挥本身作用的具体程序、规章与规程。所有这些归根结底就是在问"为什么"，直到人们发现问题的模式。

该手册有助于找出事故调查的切入点。

在这本手册中还列出了 HFACS 的好处：

- 人为过失的结构比例分析；
- 获得事故的原因，而不仅仅是事故发生的过程；
- 这是一种全新的数据驱动方法；
- 不仅可用于作战，还可用于其他领域。

今天，人们认识到了人为因素的作用，通过实施日常管理措施减少了由此而产生的过失，并在事故调查中依据人因分析与分类系统模型进行事故分析，所有这些做法使得海军与海军陆战队的事故率降低到了前所未有的低值。毫不保守地说，承认人为因素在机组人员、维修、系统与设计等方面的重要性是 20 世纪末海军航空安全领域取得的主要成就之一。

# 第 12 章

# 维修保障与物资供给

*别担心，长官。只要你告诉我怎么启动它，我就能驾驶它飞上天。*

无名氏

多年以来，今天人们所熟知的"维修过失"在以前却并不像如今这般被人们所认可。通常情况下，"飞行员失误"与其他更为明显的缺陷会被当作事故发生的诱因。直到更加详细且更加专业的事故调查法出现后，且随着人们认可人为因素、系统安全、NATOPS 与 RAG 的作用，以及维修保障与物资供给加入进来后，在以上因素的共同作用之下，人们才开始越来越多地将飞行员与机组人员之外的因素认定为事故发生的原因。当这种状况最终到来时，传统的将任何事故都归类为"飞行员失误"的做法开始受到人们质疑。人们开始意识到，有可能是维修、供应、甚至是设计方面的问题，又或是其他超出飞行员能力掌控的原因才应对事故负责，或至少应负部分责任。除飞行员失误外，维修成为了第一个被人们注意到的事故可能诱因。

从海军航空诞生的那天起，维修能力与维修理念在很多方面都发生了变化。截至 1950 年，海军航空界的维修体系分为 3 级：中队级，中继级与基地级。中队级维修由中队指挥官负责飞机维修，确保飞机、飞机发动机、机上各类系统以及所有部件的适用性、可靠性与安全准备等级满足飞行需求。在海军与海军陆战队的各飞行中队，很多时候维修军官通常是由一名部队一线指挥官，且其同时也是一名飞行员（之后改为海军飞行官 NFO），还要具有足够资历能够成为中队部门主官的人担任。分配到该部门的人员大多是中队的现役士官、水兵或是海军陆战队员，他们大多毕业于"A"级学校，也有一些高级士官与中级军士毕业于"B"级学校。"B"级学校的课程是专门针对更加复杂的特种设备而设置的。虽然维修军官手下有一批专门为其配备的各分部门的军官供其使用，但部门中的关键人才还是具有长期维修经验与领导经验的首席飞机维修工、军士长或高阶的军士（通常是一名士官长或射击军士长）。在 20 世纪 50 年代，人们建立了一座图书阅览室，并将海军航空局发行的那些技术出版物放置其中，以保障首席飞机维修工及其手下的士官长与士官使用；然而，多数情况下那些经世致用的"技术出版物"要么装在维修人员的脑袋里，要么装在首席维修工的"随身手册"里（参见第 2 章的例子）。

> **小知识**：美国海军应征入伍的新兵首先在位于伊利诺伊州五大湖的新兵训练司令部训练 8 周，完成新兵训练后，部分海军士兵将被送往美国各地的"A"级学校接受专业训练，主要是一些基础技术类的课程训练。除文中的"A"级学校与"B"级学校外，还有进行专项技能培训的"C"级学校。

对于更加复杂的维修业务，往往需要专业的技术知识以及测试能力更强的设备，这种情况下中队只能将维修任务上呈给具有中继级维修能力的机构，他们是：舰队机务保障中队（FASRON）或海军陆战队中与此同等级别的维修机构、总部与机务中队，或是舰上的 V-6 分部。V-6 分部是舰上航空部的一部分。这种安排的一个缺点是，无论 FASRON 还是 V-6 分部都要依赖于那些由被保障飞行中队临时指派的、经过专门维修训练的人员的帮助才能开展工作。这种组织体系缺乏明确的责任链，且效率低下，经常引发各有关机构之间误解，也成为了使用方的飞行中队与维修方的 FASRON 或 V-6 分部之间发生各种争论纠纷的根源。

> **小知识**：目前在役的美国海军航空母舰上，一般会设置 8~20 个数量不等的部门，各部门下再设数量不等的分部。本段中的航空部与 V-6 分部是航空母舰上设置的部门。根据航空母舰级别，负责舰载机维修工作的部门设置有所变化。例如在二战期间，航空母舰舰载机的维护工作是由航空母舰上的 V-5 分部负责，而在 2017 年服役的"福特"号航空母舰上，舰载机维修则是由机务中修部（AIMD）负责，航空部不再承担舰载机的维修作业任务。当前航空母舰航空部主要负责航空母舰上与舰载机有关的保障设备与系统，如弹射器、阻拦装置、助降系统、航空燃料存储与加注、舰载机在飞行甲板与机库之间的调运与固定、空管塔台、飞行甲板与机库的消防洗消系统、升降机的维护工作。舰上的机务中修部负责为舰载机提供工厂级维修、临时上舰的航空联队的复杂维修、飞机"隔夜"修理、停飞甲板修理、I 级例行维修、计划外维修与检测维修等。

对于超出 FASRON 维修能力之外的机务保障工作，要么由政府所属的修理厂与大修厂负责，要么由飞机大修承包商负责。其中，前者的工作人员由政府雇员、经过专业训练的水兵与海军陆战队员组成。无论哪种大修厂，其位置都有可能很远，从而避免了与中队之间产生误会。总的来讲，这些大修厂工作情况良好。但从中队的角度看，大修厂通常都存在质量检查不够充分的问题，且维修响应时间总是比预想的要慢。

然而，尽管这样的维修体系缺点越来越多，但在早期阶段却工作得很好，因为不同制造商、不同机型间的很多备件都是通用的。但当喷气式飞机、雷达与更加复杂的电子设备出现后，这种维修体系的运转就有些磕磕绊绊了，有时还会导致事故发生。

> **小知识**：这里简单介绍一下美国海军的 3 级维修保障体系：
> （1）中队级维修，又称现场级维修，是指在舰上进行的、由舰领导组织全体舰员完成的、为保障舰船设备运行而进行的日常保养，预防性

与修复性维修。

（2）中继级维修，由指定的海上或岸基维修机构提供的、超出中队级维修能力，但又不需大修、翻修的维修工作。岸基中继级维修由美国海军各舰队下属的10个岸基中继级维修机构、2个三叉戟潜艇修理机构组成。海上中继级维修由修理舰、浮船坞、航空母舰上的飞机中继级维修部组成，是随作战舰艇在海上进行机动部署的维修手段。

（3）基地级维修，负责完成超出中继级维修能力的维修任务，可由非政府部门承包，属于军民融合的范畴。当前采用的方法是以海军下属的国有船厂为主，以152个私营船厂为辅的维修体系。原造船厂一般不直接介入维修业务，但要负责提供技术保障。

20世纪50年代时，飞行中队并不包含在物资供给的主体责任范围之内，这一点是与维修保障体系不同的。每个飞行中队都被允许有一些指定最小数额的备品备件，这些备品备件通常都被放置在"备件箱"里，其种类一般会被限制于消耗件。对于中队所需的其他类型的备品备件，要么由上级海军或海军陆战队航空站的供应部门负责，要么由舰艇上的后勤部门负责。

**小知识**：舰艇上的后勤部门负责为全舰提供后勤保障服务，通常下设餐饮、住舱、洗衣房、小卖部、支付系统、邮政快递、理发、美甲与文身、MWR士气福利娱乐组织、各种娱乐休闲设施与活动、后勤仓库管理以及备品备件仓库管理等分部。为方便读者，下面简要介绍航空母舰上的主要人员与部门设置。一艘美国航空母舰约有5000名官兵，最高长官是航空母舰舰长CO，二号长官是执行官XO，XO之下再根据不同的职能划分为多个部门，部门之下再设置分部。另外，美国航空母舰上有一个隐性的三号首长，即航空母舰上的军士长。在美国海军，军士长是舰上绝大多数士官的实际领导，也是军舰日常工作顺利进行的发动机。对于航空母舰上的部门及各分部的设置，各级别的航空母舰上差别不大。以最新的"福特"号航空母舰为例,该航空母舰共设置了20个部门,分别是反应堆部、安全部、情报部、法律部、宣传部、医疗部、航海部、作战行动部、牙医部、机电部、行政部、航空部、机务中修部、作战系统技术部、宗教部、甲板部、训练部、武器部、安保部与后勤供给部。

---

**小知识**:供应部门的"备件明细单"中列出了该部门所存储的备品备件目录,而目录则由供应与核算局(BuSandA)与海军航空局共同制定并下发给各单位。供应与核算局建于1892年,是美国海军的物资供给机构,负责食品、燃料、被装、一般物资的采购、验收、存储、运输与分发,同时也负责海军各补给站的运转,并负责各项军费的管理工作。该局于1966年撤编,其职责由新成立的海军供给系统司令部负责。

---

对于在一型或多型飞机上通用的备件,供应与核算局和海军航空局共同给出一份备品备件汇总清单,即通常所称的航空供应与配件汇总清单(AVCAL)。这份备件汇总清单是在基于所保障飞机、备件历史使用记录或预计使用数量的基础上,为各艘舰艇、各个航空站量身定制的。

---

**小知识**:备件保障方案的制定与优化有一套较为固定的流程。首先根据装备类型制定维修保障方案,确定3级维修体制下各级所用的备件品种,然后再制定各级备件的数量。对于新服役装备、没有历史消耗记录的备件,一般是根据部件的故障率使用仿真或其他方法推算出一段时期内的备件消耗均值,以此均值作为备件数量;随着装备的使用,渐渐积累了备件消耗记录,于是便使用这些备件消耗的历史记录不断修正原先推算出的值;随着备件消耗历史记录的进一步积累,备件消耗已形成明显规律,此时可完全按照备件消耗规律制定备件库存数量。

---

只有在备件明细单上的备件才能入库储备,且这些备件只能在某些

监管下通过使用有符号的、标准化的格式进行分发。由于人们认为这样的备件体系笨拙不灵便，且需要复杂的文书工作，还要忍受拖期，因此中队的首席维修工们为了保证在发生故障时随时有备件可用，通常会采用各种手段建立自己所属的、未经上级批准的小型供应部门，多数情况下就是一到两个私设的巡检箱，且这些巡检箱还要由首席维修工的下属们小心翼翼地看管着。这种表面上看冗长繁琐的备件管理流程也推动了串件拼修的发展——串件拼修是指从其他暂时不飞行的飞机或发生事故的飞机上拆用零部件作为维修备件使用的维修手段。对大多数备件而言，串件拼修都能够工作良好，且许多舰长与维修官对下属人员私设巡检箱的方式也是睁一只眼、闭一只眼。但需再一次申明，这种方式只能工作于飞机、发动机、机上系统相对简单的场合。与维修类似的是，当喷气式飞机、电子系统以及其他复杂精细的系统出现后，这样的供给体系便支撑不住了，而且有时是无法支撑了。对于这些更加精细高端的替换件，巡检箱中无法携带充足的备件，而且串件拼修也变得不切实际而难以实施。

对于私设巡检箱的备件供应方式还存在其他方面的缺陷。通过不正规的方式或通过从故障飞机上拆卸零部件的方式所获得的备件不会体现在供给管理系统的账目上。因此动用这些备件不用提交使用报告，也不会产生更换指令。更糟糕的是，使用备件的人员通常会绕过那些他们认为是反应迟钝的备件申请过程，他们认为按照这样的过程申请备件只会延误飞行计划的实施。这种工作态度不但长期影响到了单位的战备等级，而且也诱使中队指挥官、维修人员与飞行员们启用一架机上某个零部件并不达标，或根本不符合标准的飞机。50年代有多少次事故是因此而发生的现在已搞不清楚了，但有足够多的"航海故事"可以证明这样的事故不但发生了，而且频率还不低。

即使不正规的维修与备件活动本身所带来的问题并没有那么多，但在型号较新且价格较贵的飞机出现后，随之而带来的越来越长的备件清单（很多备件只能用于一种机型）、订制化的保障设备、维修人员训练方面的需求增加等方面，都对海军航空兵的战备完好性造成了准危机状态，就更不用说安全性了。考虑一下《海军航空兵新闻》上某篇文章中的一段话吧："飞机维修如今已成为了一个每年消耗数十亿美元的复杂业务。与1940年的战斗机相比，现在的战斗机要重5倍，检查项目要多6倍，机上开关要多上10倍，机上阀门要多上20倍，机上电子器件要多60倍，用于保障飞机的各类设备要多10倍，成本也要多上约89倍。"

在基于随身手册与巡检箱这样的维修与备件保障方式下，新型飞机很难得到安全维护。人们早就认识到，即便是在材料失效的情况下，也有证据表明有人误用了某物，或是没有按规定维护、保养某部件，或是在制造、返工时将某方面的参数设置得低于标准值。为了处理越来越多的此类问题，那些专注于改善安全性与战备完好性的精英们，便联合起来采取措施识别并解决了维修与备件供给方面的多项缺陷。

最早采取的一项措施，是有关部门在海军航空局的支持下建立了海军航空技术保障处，其目的是能够实施标准化并掌握所有飞机的图纸与技术手册。之后在1954年晚些时候，在位于帕塔克森特河市的海军航空测试中心检验需求处的支持下，海军航空局建立了按飞机系统进行组织的标准化检查表样式。1955年，作为对舰队范围内故障信息进行校对的最早尝试，人们建立了失效与不满意报告（FUR）系统，并将4大类故障中的每一类都提交给了位于费城的航空供应办公室（ASO）备案，同时还记录在了IBM卡上。之后在1956年，一个工作组聚集在海军航空局，开发了一个综合性的海军飞行维修计划。在此计划中，飞行中队所属人员将执行所有规定的直接维修活动，以便使飞机保持在随时能够执行任务的状态。同时，由舰艇与航空站提供维修所需的各类设施、安装设备、备品备件以及其他保障服务。维修被分为6个等级，分别以A~F表示。

> **小知识**：故障类型可以依据其特征分为功能故障、机械故障、电器类故障与化学类故障。功能故障包括不能动作、提早动作、延迟动作、不能停止、提早停止、延迟停止、动作不稳定、间歇性动作、数值过大、数值过小、无法达到规定值、无法停止在规定位置等；机械故障包括磨损、变形、腐蚀、龟裂、破损、脱落、烧损、泄露、弯曲、凝固、变色等；电器类故障包括开路、短路、接触不良、过热、电参数漂移、异响、断线、绝缘性降低等；化学类故障包括腐蚀、剥落、老化、变色、固化、污染、过热等。

应当注意的是，尽管海军航空局的这种努力是一种卓越的进步，但对维修问题中人员方面与训练方面存在的缺陷帮助并不大。于是1957年时任海军作战副部长（主管航空）的罗伯特·皮里中将召集成立了一个工作组（即"皮里"董事会）以考虑解决这两方面的问题。不出所料，皮里董事会发现了很多航空人事方面的缺陷，其中包括约3000名左右的维修官"不知所踪"，他们"消失"在其他职务调配中。

1962年，海军航空局与海军作战部长正努力解决他们所知道的那些问题。即便是在当时，国防部已经开始军事专业化与标准化相关工作，并建立了"联邦仓储编码系统"。这就为大量已存在的"信息孤岛"提供了一种通用语言，并为备品备件的储存与订购业务几乎是带来了一场革命，一场有利的革命性改变。与此同时，海军航空技术训练中心（NATTC）也在海军中将菲茨休·李的支持下推出了"孟菲斯计划"，这是一项关于如何更好地使用NATTC毕业生的人力资源使用规划。皮里董事会不但立即采纳了孟菲斯计划，而且还向外传播推广该计划，并重点强调了对人员的使用与对培训材料的改善需求。皮里董事会也对孟菲斯计划做了几项重大改变，其中包括航空维修组织机构的标准化。另外，针对维修方面的分工或分科，还为飞行相关人员与航空维修人员提供他们的职业规划。在这些努力的基础上，海军作战部长于1959

年下令解散了 FASRON，转而开发了综合维修计划。

对于开发综合维修计划这一新项目的相关人员而言，有几件事情是有用的。第一，他们拥有皮里董事会与孟菲斯计划的成果；第二，他们拥有尽可能多的空军手册 AF66-1 与 AF67-1 模板，国防部命令他们参考这些模板（尽管海军评估人员认为这些空军手册包含了一些好的建议，但他们仍拒绝参考。因为他们想保持海军长期存在的惯例，即独立的维修与作战指挥系统方案）；第三，到目前为止海军与海军陆战队已成功实施了 RAG 与 NATOPS 体系，其中就包含了维修人员训练业务内容。

第四点也可能是最重要的一点，是海军作战部长办公室的主要执行官利奥·汉密尔顿中校（一名航空维修官），以及一名后勤部队军官尤金·格林斯蒂中校都被安排进了海军作战副部长（主管航空）的参谋部。这两位非同一般、富有丰富工作经验且极具奉献精神的军官从一开始就认识到，要想推动这一新方案的实施，就必须对各个级别维修活动的技术文档进行改进；提供精确的配置与文档控制，以确保所有的更换活动及其所用备件准确无误；并要关注维修质量控制。汉密尔顿、格林斯蒂、海军武器局（BuWeps）舰队维修处的负责人霍华德·戈缤，以及来自整个维修与供应机制的多项帮助，对于海军机务维修方案（NAMP）的发展是十分关键的。在某些时候，NAMP 也称为 3M 计划，该计划于 1959 年生效。

> 1959 年 7 月，整个海军与海军陆战队的事故率为每 10 万飞行小时 25.7 次重大事故，这些事故共计造成 461 架飞机完全报废，309 人死亡。

NAMP 本质上是一种计划性维修与数据收集系统，但从一开始，NAMP 也负责下列工作。

- 建立一套标准化的维修组织与体系。

- 指定维修活动的工作等级。
- 实现按日历进行定期检查。
- 提供"先进飞机再制造"(PAR),取代了翻修。
- 建立一套部件修复体系,包括地面勤务设备的修复。

NAMP 也建立了一套维修数据收集系统,用于核算工时、维修与生产。这些数据又返回来用于改善质量控制、局部维修与物资管理、预算调整以及飞机的完好性与使用率。使用 NAMP 带来的好处有:

- 显著改善了飞机的可用度,提高了飞机可完全使用以及能够确保飞行安全的时间。
- 建立了一套组织机构,为所有维修活动与各级维修范围都提供纪律性、程序上的严格性、语言与规程上的共同性。
- 规定了一种通用的"维修活动表格"(MAF),表格中记录了:

(1) 系统失效与部件失效的本质,定期检修与专项检查的实施以及其他事项。

(2) 技术手册、工具、维修技巧、修复故障所需的备品备件。

(3) 提供一种信息记录的方法,使用此方法可为维修控制提供备件订购方面的帮助。

> 海军中将(已退休)尤金·A.格林斯蒂德(见图 12.1)是美国南卡罗莱纳州人,他的海军职业生涯极其显著。他于 1942 年以一名二等水兵的身份开始在海军服役,二战期间在美国海军水下爆破队 UDT(蛙人)① 担任军官,之后成为一名业界标志性的供需官。他于 1984 年退休,退休前官拜海军中将,任国防后勤局主任一职。
>
> 在 42 年的职业生涯中,他因革命性的预算新方案与后勤政策改革而得到广泛认可。这两项工作不但使得军队运营成本大大降低,同时还大幅提高了舰队的战备完好性。

---

① 美国海军水下爆破队于 1962 年时扩编成为海豹突击队,别称蛙人,该部队隶属于海军特种作战司令部,是世界十大特种部队之一。——译者注。

图 12.1　海军中将尤金·A. 格林斯蒂德

（资料来源：美国国防后勤局）

他是航空 3M 计划与 NISTARs 计划的开创者，这两项计划使得海军物资配送中心的工作在二战后首次实现了自动化操作。他又建议使用周转资金购置航空可修件，这一建议使得舰艇、航空站与备件批发库存的资金完全到位，而这又使得舰载机的完好率从以前不理想的水平达到了创纪录的历史高点，一直到今天仍然如此。

1968 年，美国海军中校霍华德·戈缤（已退休）成为美国海军历史上首位被任命的机务维修责任官（AMDO）。

1944 年 3 月，他成为 USNR（美国海军后备队）的一名海军飞行员，当时被授予海军少尉军衔。之后他很快就亲历了在菲律宾与硫磺岛的作战行动，当时他所驾驶的飞机为 TBF 复仇者式鱼雷轰炸机，隶属于美国海军军舰（USS）"鲁戴尔德湾"号护航航空母舰（CVE 81）上的第 77 混合飞行中队。

二战后，他在多个飞行中队、参谋部、航空母舰上担任过多种职务，在此期间参与决策向太平洋与地中海地区部署了多艘航空母舰。他还担任过飞行教官，在岸上舰队机务保障中队（FASRON）、日本厚木市、韩国康农市服役过，并在密西西比大学通用行业学院与南加州大学海军航空安全学院参加过培训。

1963 年他担任了诺福克海军航空站海军航空兵大西洋舰队机务维修技术咨询小组的主官，之后在 1965 年又被任命为华盛顿特区海军武器局舰队机务维修分局的主官。在这两个岗位上，他所做出的努力对海军机务维修方案（NAMP）的发展起到了关键作用，这一计划有时也被称为 3M 计划。接下来，在 1965—1971 年，他被任命为海军作战副部长（主管航空）办公室机务维修与物资分局的主官。在此岗位上，他继续为 NAMP（又称 3M 计划）的发展而工作。

1971 年，他担任了帕塔克森特河市海军航空综合物流司令部高级物流分部的负责人，并在 1972 年担任了美国太平洋舰队海军航空兵机务维修分部的司令官。

最后，他于 1973—1975 年间在菲律宾骄碧角海军航空站担任西太平洋舰队航空特遣队的司令官，并在 1975 年 7 月退休。

---

**小知识**：TBF 复仇者式鱼雷轰炸机，是格鲁曼公司开发的舰载鱼雷轰炸机，二战期间活跃于太平洋战场，从 1942 年 3 月起，该机由通用公司生产，因此将型号名称中的 TBF 改为 TBM。

**小知识**："鲁戴尔德湾"号护航航空母舰于 1944 年建成，1959 年退役，编号为 CVE 81。其他一些类似型号的航空母舰还有"俾斯麦海"号 CVE 95、"甘比尔湾"号 CVE 73、"利斯康姆湾"号 CVE 56、"奥曼尼湾"号 CVE 79、"圣罗号" CVE 63、"科雷吉多尔"号 CVE 58。

备件消耗历史记录在此过程中扮演了极其重要的角色，因为这些记录为将来的备件购置提供了依据。更重要的是，从完备性与安全性的观点看，对于任意一种备件，若其需求量异常高，或是某部件失效后人们并不知道①时，就会引起人们对该部件的特别关注，从而引发调查，还可能会产生对该部件重新设计的要求。这又反过来使得高层管理人员将注意力集中到对某些备件的特殊需求与紧急需求上。

3M 计划所带来的一个关键且收益较高的方面，是在航空母舰供给部内建立了供应保障中心（SSC），并组建了航空保障局以保障海军航空站或海军陆战队航空站。SSC 提供了一个联络点，在此联络点飞行中队或机务中修部（AIMD）的人员可订购他们所需要的备件。维修控制所建立的优先权决定了备件交付所规定的时间限制，通常是少于 1 小时。一旦收集到足够的数据，系统将产生舰上或航空站的备件需求列表，这一列表又反过来为供货商按时交货提供了便利，且明显降低了因"凑合着使用"不合适或不安全的备件而导致装、设备处于非安全状态的概率，而这也是早些年间许多事故发生的根源。3M 计划及其附随的具有权威性的手册，成为了整个舰队中维修与供给业务的通用语言。

然而，故事并未到此结束。就在 3M 计划实施 2 年后的 1965 年，6 级维修体制合并而成了 3 级维修，并依靠以下两大支柱为人们提供清晰且明确的组织责任分工，这两大支柱分别是：计划性维修系统与维修数据收集系统，合称为维修管理系统。同时，人们在 OP-05 办公体系内建立了机务维修与航材分部。之后在 1967 年 5 月，航空母舰上旧有的 V-6 分部被新成立的机务中级维修部取代。紧随其后在 1968 年又设立了机务维修责任官（AMDO，标识号为 152X）。AMDO 是一个新的"限定类军官"团体，其成员由首批被完全认定的全职海军机务维修专业人员组成。

> **小知识**：美国海军军官分为限定类军官与非限定类军官，分别类似于我国的非指挥类（技术类）军官与指挥类军官。非限定类军官（Unrestricted Line Officer, URL Officer），是具有海上指挥资格、可指挥作战单位进行战

---

① 即隐性失效，此类失效并不会给人以直接的信号，在未到临界值之前，失效对装备的运行影响也不大，甚至在某些条件未满足时不会影响装备运行。——译者注。

斗的军官团体。其可指挥的作战单位包括水面舰艇、潜艇、飞行中队、海豹突击队、驱逐舰、潜艇中队、飞行大队、飞行联队、特种作战部队等。限定类军官（Restricted Line Office），是指其权力受到限制，只能执行某类技术性职能的军官团体。他们在美国海军及预备队中不具备海上指挥资格，主要包括工程责任官、航空工程责任官、机务维修责任官、海军情报官、信息战责任官、公共事务官、人力资源责任官、后勤保障责任官等。本段中出现的机务维修责任官，其职责包括为海军航空部队提供全职的专业维修与航材保障管理，确保各项机务维修工作顺利进行，为机组人员提供安全可靠的飞机。海军中的每名军官都有一个代号，代号由4位数字组成，描述了该军官的工作类型。例如：1110代表海军常规军水面作战责任官；3105代表海军预备役供需官。本段中的152X是机务维修责任官的代号，其中的X可取0、5、7这3个值中的一个值，分别代表了军官所属的部队性质。其中：0代表海军常规军；5代表海军预备役；7代表训练单位预备役。

新的3M体系的优势很快就给整个海军航空兵带来了好处：航空母舰、直升机、海军陆战队、陆基海军航空部队全都受益。海军航空训练司令部对这个新的3M体系格外热情；1970年，时任海军飞行训练部长的海军中将伯纳德·M. 斯特林在美国海军学院学报 *Proceedings* 上发表了一篇文章称赞3M的好处，并描述了采用3M体系后他所在的司令部所产生的显著效果。在这篇文章中他写道，"绝大部分是由于3M的功劳，训练司令部的事故率一直都很低，战备完好性提高了15%，在近3年内2次赢得了海军作战部长安全奖，同时还节省了数量不菲的军费开支与工时"。尽管当时海军的作战节奏很快，而且还要接收新型、复杂程度更高的飞机与系统，但在整个海军航空界都有类似的报道。综合航空电子设备系统测试（VAST）是能够代表这种新型、复杂程度高的系统的一个例子。VAST于1968年首次安装上舰，用于保障诸如RA-5C民团团员侦察机这样的新型飞机。

> **小知识**：RA-5C 侦察机于 1962 年 6 月完成首飞，是 A-5 的侦察型。A-5 是北美航空公司研制的双座双发全天候超声速舰载重型攻击机。

截至 1970 年 12 月，整个海军与海军陆战队的事故率降低到了每 10 万飞行小时 13.5 次重大事故，共造成 264 架飞机报废，231 人死亡，与 10 年前相比事故率下降了几乎一半。

然而，尽管有这些乐观性的报道，但在 1969、1970 与 1971 年仍然存在一些令人不安的趋势。一些列装部队、在舰队服役的、机型较新、复杂程度较高的飞机与系统存在相当严重的可靠性问题。一些具有此类问题的飞机有 E-2C、AV-8、P-3C、F-14、A-7E、S-3A，还有一些型号新、功能较强（也更复杂）的直升机也是如此。不容忽视的是，可供使用的作战经费持续被上级削减。因军费严重不足导致了中继级测试设备远远不能满足要求，训练有素的水兵严重短缺，备件的储备也不足，而这些又使得舰队飞机与系统的可靠性问题更加突出。这种状况所产生的后果之一是仅在 1970 这一年，海军与海军陆战队的全部事故当中就有 16% 的事故是由维修过失所造成的。根据海军安全中心的分类，这些维修过失可分为 5 个类别：

（1）行政程序没有按照标准化实施；

（2）缺乏监管；

（3）质量保证未能发挥作用；

（4）训练存在问题；

（5）没有按最优化方法使用人员、设备与设施。

> **小知识**：E-2C，是美国海军唯一使用的一款舰载空中预警机。AV-8，是海军陆战队拥有的一款攻击机，能够进行短距起飞与垂直降落，该机由英国航太公司设计，美国麦道公司生产，中文名为麦道 AV-8。P-3C，

是美国洛克希德公司在民用客机的基础上改进的反潜机,是一款性能优越的固定翼反潜侦察机,是美国空中反潜的主力军。F-14,是美国一型双座双发超声速多用途舰载战斗机,由格鲁曼公司研制,1970年12月首飞,属于三代机。A-7E,是60年代沃特公司在F-8战斗机的基础上研制的一款喷气式舰载攻击机,1966年服役,1991年退役,但该机在希腊空军一直服役至2014年10月。S-3A,中文名为北欧海盗,是美国现役一型双发亚声速舰载反潜机,是世界上首型喷气式反潜机,由美国洛克希德公司研制,1972年1月首飞。

这些工作成果,再加上依据首套3M手册运行的前9年所总结出的经验教训,共同促进了一次重大修订的发生。那些专业的且具有奉献精神的维修人员与保障专家们对此次修订应付自如。修订的结果是在1971年1月1日出版了一套全新的海军机务维修方案。其中所采取的措施清单很长,主要包括以下几点:

(1) 颁布了一部修订为4卷的NAMP。

(2) 对以下几个方面进行了标准化。

① 三级维修体系。

② 备件明细单。

③ 检测。

④ 地面保障设备。

⑤ 手册与指南。

⑥ 飞机保管人的界定。

⑦ 表格与报告。

(3) 保障文档的修订。

(4) 维修合同项目条款的内容。

(5) 维修性与可靠性说明。

(6) 新飞机承包商保障的细化。

(7) 供给方面的创新。

为了与新颁布的修订版 NAMP 相适合,海军设立了海军航空综合后勤保障中心(NAILC),该中心位于帕塔克森特河市。然而,这只是推动维修与供给相互适应的其中一项努力,更多的努力还在后面。另外,截止到 1980 年,NAMP 生成的信息与数据很快就超出了那个年代的计算能力、分析能力与存储能力。一种新的系统呼之欲出,于是海军航空后勤信息系统(NALCOMIS)应运而生。

> 截至 1980 年年底,整个海军与海军陆战队的重大事故率为每 10 万飞行小时 5.94 次,共造成 112 架飞机报废,91 人死亡,这一数据低于 10 年前的一半,且低于 20 年前的 1/4。

另外,20 世纪 80 年代早期引入的 F/A-18 大黄蜂舰载机为人们带来了更加可靠的航空电子设备系统与新的维修保障方案:该方案采用了承包商保障与体制保障或政府保障相结合的方式。勒莫尔海军航空站与塞西尔菲尔德海军航空站建立了航空电子设备修理设施(ARF),这为当地的 AIMD 带来了工厂方面的飞机技术人员。这一措施减少了维修周转时间,并因此减少了飞机的故障停机时间,增加了飞机的战备完好性。更重要的是,主要承包商能够访问并"看见"故障,并处于构建故障维修流程的主导地位。

历史上,为给定机型所配置的初始备件,其购置过程是在飞机生产并交付使用后才进行的。这一现状,再加上为备件库存账户提供的资金始终无法完全到位,导致了飞机在交付舰队使用后经常处于备件短缺的状态。这是难以让人接受的。备件库存短缺加剧了正常交付的飞机在维修与供给方面的问题。为了缓解航空"可修件"(即能够通过返回修理厂、经修复翻新后可再次发放使用的失效部件)的短缺,80 年代早期海军作战部长开创了一项具有创新性的资金供应机制,即海军储备基金(一种循环基金/周转基金)。海军储备基金被批准在第 1 年时"买入"可修件,并在第 3 年时利用拨款将买入的可修件"卖出"。这样做的结果是，飞机的备件需求得到了充分资助，所需备件全部得到了采购并被配置到了各舰艇与各航空站中，这样在飞机被交付使用后，舰艇与航空站就具备了保障飞行作战进度安排的能力。对于由意料之外的备件使用率与需求率产生的备件补充需求，海军储备基金也全力资助。在 1985 年，有超过 25 亿美元被用在了备件上，这使得飞机完好率在 80 年代晚期时有了巨大改善，其效果一直持续到了今天。

> **小知识**：海军储备基金"买入"的可修件就像是一个缓冲池，可对冲掉可修件在故障修理期间对备件的需求，等到买入的可修件消耗得差不多时，前期处于修复状态的故障件也已完成修复而转入库存，这样可保证可修件的备件库存里一直有备件可用。

> 对于舰载机的准备出动情况而言，因备件短缺而导致飞机无法出动这类事件的发生次数在 20 世纪 90 年代时从三位数降到了个位数。

20 世纪 90 年代时，航空供应局（ASO）通过在部件级与飞机/发动机一级上引入"基于性能的后勤"（PBL）保障合同，对承包商后勤保障进行了进一步的细化。PBL 保障合同关注于性能与可靠性。若可靠性有了改善，性能得到了提高，那么就会对承包商进行奖励。在海军、其他兵种与国防后勤局，这一工作方法仍在继续进行。同样是在 90 年代，船舶备件控制中心（SPCC）与航空供应局合并成了海军库存管控站（NICP）。为减少部件的失效率，NICP 中的供给、维修与航空工作责任官们对维修数据系统中的失效记录研究了 25 年。尽管新部件的失效数据与需求数据非常接近，但它更能描述出部件的故障情况。实际上，研究的目的是为了找出那些经常失效的部件与组件，然后解决引起这些部件失效的原因，以此来降低军费开支。

> 由于失效率的降低，且由于拆解飞机以修复故障的做法其本身就是产生新的故障与新的易损点的根源，所以这项工作衍生出了安全方面的效益。飞机的完好性提高了，维护飞机的成本降低了，更重要的是安全效益也是非常显著的。

这项工作还包括重新设计部件与组件，使用测试设备以便更好地对故障进行隔离，修订维修出版物，对维修人员再培训，以及"综合后勤保障"中所预想到的各种其他措施。在法规方面，允许供需官使用海军储备基金为这些修正措施提供资金支持，这一法规性的改变为这项工作提供了动力加速度。如今，这些技术方面的措施已被合并到了 PBL 中，从而可在保障合同中规定，如果能够降低失效率、减少成本、提高完好性、改善飞行安全的话，就会受到奖励。

> 2000 年，整个海军与海军陆战队的事故率为每 10 万飞行小时 1.99 次重大事故，全年共造成 24 架飞机报废，56 人死亡。这一数字是 10 年前的 2/3，是 1950 年的 1/24。2000 年时，海军安全中心将其工作重心转移到了机动车事故上。

海军对飞机事故的关注程度绝对没有减弱。事实上，到 2000 年海军安全中心的航空理事会一直将机务维修部、航空医学部、机场运作部、飞行事故调查部、文化氛围营造部与航空安全学院作为主要的分支部门。尽管媒体宣传与事务统计这 2 项业务与飞行安全的各个方面联系紧密，但这 2 个业务都具有独立的理事会。

正如我们所见，即便是在 2000 年之前，事故调查中人为因素的作用也已得到了越来越多的认可。这种认可使得人们开始修正那种将事故原因归为"飞行员失误"的不当做法。在这之前，包括维修过失在内、由其他类型过失所导致的事故会被扣到飞行员或机组人员身上。HERAP（参见第 10 章）的出现便于事故分析的开展，也为后续改进措施的实施提供了支持。后来 HERAP 被修改成为"人为因素",并在之后变成了 HFACS 计划之"维修扩展",亦称为 HFACS-ME。管理指令系列中的 OPNAV 指令 3780.6 规定,"对于那些避免事故发生的预防措施,HFACS-ME 有助于从 4 个层面上对其中所存在的缺陷与不足进行识别,也包括识别那些不安全的情况,这 4 个层面是:管理条件(组织与监管)、维修条件、工作条件、维修人员行为。"该指令还指出,使用这一框架可让相关人员明确对哪些方面进行干预,制定哪些纠正措施才能避免维修事故的发生。

很快这一框架便被转换成了一个数据库。在数据库中,人们将维修过失导致的原因划分为监管条件、维修条件、工作条件 3 类。每一类别又根据各类别的动作或非动作因素进一步划分成了多个不同子类。基于此,人们可在仅仅经过少量的分析后,就能将维修事故的原因划归为几个条件中的其中之一,例如划归为:维修规程不良或无维修规程、未参考使用说明、参考了过时的使用说明、违反政策规程或检查列表清单等。在此基础上,相关人员或部门可采取针对性的纠正措施。

关于该框架与相关分析最重要的一点是,在采取纠正措施之前,一定不会再有事故或濒临事故发生了。一旦存在发生事故或濒临事故的条件,那么这些条件很快就会被人们转换为机库甲板与工作场所中的计划与简报。由于这些计划与简报的作用,维修过失也因此而大幅减少。由于采取了这样的工作方式,随着 HFACS-ME 的应用,将所有过错都归为"飞行员失误"或"维修过失"的时代一去不复返了,这种做法成为了历史,事故率也进一步降低了。

对于 1950—2000 年间海军航空安全所发生的重大改善而言,维修保障与物资供给所做出的贡献再怎么强调也不为过。这些贡献非常之大,尤其是那些具有奉献精神的专业维修人员与供给人员更是如此。如果没有飞行员到列兵、首长到士官、各军衔的军官、各海军文职人员的奉献精神与专业精神,这 50 年间就不可能达到那样优秀的安全记录,也不会有那么多的飞机与人员因此而获救。

然而，2000年之后维修与供给工作并未裹足不前。2005年，人们还进行了以下工作：成立了8家海军舰队完好性中心，对3家冗余的航空补给站（位于新西兰的北岛补给站；切里波因特补给站，也被称为樱桃点补给站；杰克逊维尔补给站）与8家海军航空站机务中级维修部进行了整合，将3级维修简化为2级维修体系，采取舰上军人、文职与合同商人员共同工作的模式。自20世纪60年代引入NAMP以来，这是海军航空维修历史上最有意义的一项事件。2012年，该计划的名称再次发生了改变，成为了海军供给系统司令部（NavSup）武器系统保障（WSS）项目。更名后的海军供给系统司令部武器系统保障项目更加关注于完好性这一性能指标，并用此指标代替了部件的可用度指标。

在过去50年间，飞行员与机组人员赢得了大量奖章与勋带。然而，这些荣誉的获得离不开那些具有奉献精神的专业维修人员与供给人员。为表达人们对一代又一代机务维修与航材保障人员的认可，海军为他们也授予了与他们贡献相匹配的荣誉胸章：1984年授予海军航材保障之翼，2009年又授予专业机务维修军官之翼。即便如此，这些维修与保障人员还是未能得到人们的充分认可。

# 第 13 章

# 未获重视

飞机、飞机系统与设计安全

海军航空安全的这场变革，首先是表现在飞机、发动机、操控系统与液压系统可靠性的显著增长上，其次是表现在航空电子设备系统重要性的急剧提高上。这些方面的收益不但反映在作战效能上，而且还反映在安全方面。一项包含其中但并不太明显的因素是新型飞机的采购步速以及制造商吸取经验教训的能力。

1950至2000年间，共有51种不同的机型通过首飞后被列装到海军航空部队。一些机型只服役了很短时间，但有的机型在海军持续服役了很多年。引人注目的是，在1950年至1959年间，51种机型中有28种机型完成了首飞，而在接下来的40年间，另外的23种机型才完成首飞。各年度首飞机型的数量统计结果（见图13.1），其数据变化轮廓与第3章图3.3的图形轮廓惊人地相似。人们马上就会问道：1950至2000年间引入飞机的速率放缓这一事实，其本身是否是造成海军与海军陆战队事故次数逐渐减少的主要原因呢？

在早期，新引进的一些飞机难以掌控，特别对于喷气式飞机更是如此。所有的新飞机，包括螺旋桨飞机、直升机与喷气式飞机都存在技术问题。大多数飞机都缺乏维修方面的知识，有的只是初级水平的

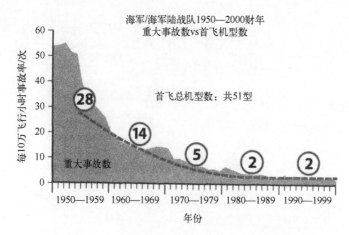

图 13.1 重大事故与首飞机型对比图表

（资料来源：*Pistons to Jets*）

供给保障。喷气式飞机的问题较为特殊。喷气式飞机使用的是平直翼①，当飞机接近声障时会遭遇压缩性方面的问题，这在当时是难以被人理解的。飞机的发动机也不总是可靠，且响应时间经常滞后。以今天的标准衡量的话，可用的电子设备也相对粗浅，大部分都与二战末期使用的电子设备相同。这些状况，再加上存在的标准化与飞行纪律普遍不高等问题（见第 2 章与第 9 章），为事故率的必然飙升提供了温床，而事实也确实如此。

> **小知识**：物体在接近声速时，会有一股强大的阻力使物体产生强烈振荡，速度衰减，这一现象称为声障。突破声障时，由于物体本身对空气的压缩无法迅速传播，逐渐在物体的迎风面积累而形成激波面，在激波面上声学能量高度集中，传到人耳朵里时会让人感到短暂而强烈的爆炸声，称为声爆。

随着新飞机进入舰队，需要人们考虑的事非常之多。尽管海军在二战期间的表现不错，但随着冷战的开启，关于海军与海军陆战队，特别

---

① 平直翼是指机翼后掠角小于 20°，平面形状呈矩形、梯形或半椭圆形的机翼，常用于亚声速飞机上。——译者注。

是海军航空兵在冷战中的作用成为了一个严肃的问题（见第2章）。喷气式飞机能否在航空母舰上完成日常作业？航空母舰还能否在原子时代存活下去？海军与海军陆战队的飞机是否具备到达潜在的敌方目标并生存下去的能力？针对这些性能方面以及与之类似的问题，海军航空兵的领导们，二战中曾在太平洋战场上战斗过的军官们、航空局的工程师们、极具潜力的试飞员们以及飞机与发动机的制造厂商们，全部都响亮地回应以"能"。之后他们就专注于如何解决这些问题、如何实现这些能力。

在如此之短的时间内引进如此之多的新型飞机是主要问题之一。由于海军对于哪项技术是应对未来挑战的最佳方式并不确定，且由于时间就是生命的信念，海军采用与不同飞机制造厂商签订多份合同的方式以降低风险，海军希望至少会有一家厂商的设计是可行的。在飞行测试完成之前就下令各种型号的飞机批量生产是产生额外风险的原因。其结果是在多款已开发测试的机型中，只有一小部分机型能够在舰队长期服役；看上去飞行员几乎永远都处于熟悉新机型的阶段，他们从未达到过特别安全的状态。毫无疑问这是导致20世纪50年代事故高发的一个主要因素。

一般由试飞类海军飞行员驾驶的首批喷气式飞机，要么是试验性质的飞机，要么是最初为空军生产的飞机。最早一批此类飞机中的一型飞机是瑞安航空公司的FR-1战斗机，该机在前部由螺旋桨提供动力，在后部由喷射气流提供动力。1948年钱斯·沃特公司的F7U-1弯刀舰载机完成首飞，但很快就被证明该机的设计有些超前了，尽管其后续机型勉强算是成功。更成功的机型是麦克唐纳公司的FH-1鬼怪战斗机与北美航空公司的FJ-1狂怒战斗机，其中FJ-1成为了空军F-86佩刀战斗机的模板，而该款机型在部队实践中大获成功。很快FH-1就被能力更强的F2H女妖战斗机所取代，而FJ-1则由F9F-2黑豹战斗机所超越。然而，此时螺旋桨飞机仍被用于运输载重任务。虽然舰上会携带一些战术弹道导弹用于反潜与通用目的，但F4U海盗战斗机与AD天袭者战斗机仍占据着航空母舰甲板。

---

**小知识**：FR-1 战斗机是 20 世纪 40 年代中期美国瑞安航空公司研发的一种混合动力战斗机。该机采用下单翼、单座、前三点式起落架气动布局，装有活塞螺旋桨和涡轮喷气两套发动机，时速可达 650km/h，机上装有 4 挺机枪，2 枚 450kg 航空炸弹。该机 1945 年批量生产，1947 年在海军短暂服役后即被淘汰。该机的设计目的是先依靠螺旋桨发动机从航空母舰上起飞，然后再在空中打开喷气式发动机提高飞行速度，待要在航空母舰上降落时关闭喷气式发动机，最后由螺旋桨发动机低速降落。在 1945 年时，一架 FR-1 舰载机在着舰时螺旋桨发动机出现故障，由于时间紧迫飞行员启动喷气式发动机并依靠其动力成功着舰。这名飞行员的灵机一动不但挽救了自己的生命与飞机，而且创下了首次依靠喷气式发动机动力成功着舰的记录。

---

**小知识**：二战后，钱斯·沃特公司通过消化德国公司战时的无尾后掠翼战斗机的研究成果，推出了激进的 F7U 弯刀舰载机。该机没有尾翼，后掠翼面积达 $46m^2$。由于起落架太长，飞行员需爬进高 4.26m 的座舱中，且因强度设计不足，该机在着舰时多次发生事故，被业内称为"少尉杀手"。

---

**小知识**：F-86 佩刀战斗机是二战后美国研制的一款单座单发后掠翼亚声速喷气式战斗机，是美国第一代喷气式战斗机，主要用于轰炸、空战与拦截，是世界上第一架空对空导弹战机，第一架能在平飞状况下超声速执行作战任务的战斗机，也是美国第一架装配弹射座椅的战斗机。该机由北美航空公司研制，1947 年 10 月首飞，1949 年服役。

---

**小知识**：F4U 海盗战斗机是由美国钱斯·沃特公司研制的舰载战斗机，该机加速性能好，火力强大，爬升快，坚固耐用，是美国第一款速度超

过 640km/h 的战斗机，该机于 1939 年定型，1942 年服役，是二战太平洋战场上日军的主要对手，拥有 11∶1 的骄人战绩。

20 世纪 40 年代晚期，海军与海军陆战队的飞机目录中又添加了 F3D 空中骑士战斗机。这是一款双座、双发的夜间战斗机，由 4 架此型飞机所组成的分遣队被部署在了航空母舰上，但并未成为航空母舰飞行大队中一支训练有素的作战力量（见第 5 章）。相反，F3D 战斗机通常被用作岸基飞机。在朝鲜战争中，该机由海军与海军陆战队飞行员驾驶着从位于韩国的陆上机场起飞。

小知识：F3D 空中骑士战斗机由美国道格拉斯公司于 1948 年研发，是一款配备强大雷达系统的夜战机，机头下有 4 门加农炮，可挂载 4 枚"麻雀"导弹。该机机身较大，空间宽敞，其大腹便便的姿态为其赢得了"威利鲸"的绰号。

除了其他方面的一些不足外，在平直甲板的航空母舰上操作喷气式飞机还存在另外一些重大问题。若按二战期间舰载战斗机从甲板上起飞的方式操作的话，那么典型喷气式飞机发动机的加速度与推力使飞机从甲板上起飞是毫无可能的。以今天的标准来看，早期喷气式飞机的推力是极低的。即便是在 1951 年时，F9F-2 黑豹上使用的单个 P&W J48 发动机的推力也只有 6250lb，约 2.83t。这就意味着当时所使用的液压控制 H-4 弹射器仅能勉强将一架加满油的黑豹战斗机弹射起飞，更不用说为该机挂载任何额外的负载了。燃油是另一项问题。首先，航空母舰没有装载后来被称为"喷气式发动机燃料"的飞机燃油，因此通过在航空汽油（AvGas）中加入一团燃油的方法来达到将航空汽油的点火温度降低至满足喷气式发动机使用要求的水平上。最重要的是，喷气式飞机不得不使用二战时全螺旋桨飞行大队所使用的那套飞机弹射起飞与着舰回收的操作章程。

> **小知识**：P&W，即 Pratt & Whitney，普拉特-惠特尼公司，简称普惠公司，创建于 1925 年，是美国最大的两家航空发动机制造公司之一，也是世界主要的航空燃气涡轮发动机制造商之一，占世界民用发动机将近一半的市场份额，其生产的经典发动机有 R-1340"黄蜂"发动机，以及 J42、J48、J57 等。

喷气式飞机并非唯一的创新发明。当二战首架直升机被应用于飞行时，直升机的任务还仅限于救援。然而，海军陆战队在早期就开始发展"垂直攻击"的概念，且在朝鲜战争期间充分展示了直升机在战场上的实用性，包括医疗后送、后勤保障以及其他方面的应用。朝鲜战争期间，约有"25000 名伤员是通过直升机从作战区域疏散出去的，通过同样的方法，还用直升机将部队与物资转运至其他运输方式无法送达的区域"。很快，直升机的能力成倍增加，没有哪个飞行大队、舰艇或航空站不想拥有至少一支直升机分遣队。旋翼飞机的机型成倍增多，在 1951 年时，卡曼飞机公司研制了第一架喷气驱动式直升机。

> **小知识**：卡曼飞机公司由查尔斯·H. 卡曼于 1945 年创立，总部位于美国康涅狄格州，全职雇员 5265 人，是一家航天与国防产品公司，生产工业组件与飞机部件。该公司的直升机产品享誉世界，在 1947 年时便制造出了第一架直升机 K-125，1953 年时便生产出了第一台电动无人机，1953 年 4 月为海军陆战队设计制造的 HOK-1 实现首飞，其改进型 HTK-1 是世界上第一架双涡轮动力直升机。该公司生产的 Huskie 直升机在越南战争中，承担了战场上的主要救援任务，且安全记录极佳。

岸基 P2V 海王星巡逻机是在二战之前设计完成的，但直到 1945 年时才飞上天空（二战期间，洛克希德公司专注于优先级更高的项目，因此该机的研发被推后了，直到二战结束前，其原型机 XP2V-1 海王星才完成首飞）。该机是完成长航程巡逻与反潜作战任务的主要机型；同时，该机还被作为核武器投送飞机进行了相关测试，并被作为示范成功从一艘航空母舰上完成了起飞。P2V 海王星不具备在舰上回收着舰的能力，因此人们需要开发一款新型、能够在航空母舰上起降且能够携带那个年代巨大核弹的飞机。北美航空公司的 AJ 野人舰载核攻击机于是担任起了该项任务。直到核武器的体型变小后，这一任务才改由 F2H 女妖与 AD 天袭者承担。在由较小型（速度较快的女妖战机）飞机接替 AJ 后，AJ 失去了核武器投送的任务作用，于是在 50 年代中期之前，AJ 被改作空中加油机继续部署于航空母舰上①。

> **小知识**：P2V 海王星巡逻机是美国洛克希德公司设计生产的一种海上巡逻机，主要用于海上巡逻、侦察与反潜。1947 年 3 月该机交付海军使用，成为美国主要的空中预警平台。1962 年更名为 P-2 海上巡逻机，1978 年 4 月退役。

截止至 1950 年 6 月朝鲜战争爆发时为止，海军与海军陆战队已开始对飞机目录清单进行自我清理，所用机型也相对固定了下来。较大型的航空母舰上配置了黑豹、女妖、天袭者战机，以及 1~2 架直升机。同时还专门配备进行航空摄影任务与导弹控制的作战分遣队，以及进行夜间攻击与空中预警的天袭者分遣队。较小型航空母舰上配置了由格鲁曼公司生产的美国海军列装服役的首款反潜舰载机，即 AF 守护者反潜机，装备有雷达的战术弹道导弹以及直升机。巡逻力量较为固定地由海王星与海基马林承担。海军陆战队对其库存内的喷气式飞机、螺旋桨飞机与直升机进行了统计，直升机的重要性继续增加。所有机型的后续机型接踵而来，一个接一个地完成更新换代。喷气式飞机仍然会带来很大的挑战，特别是从航空母舰上起降的喷气式飞机更是如此。

除了平直甲板与勉强满足要求的弹射器所带来的那些问题外，第一代具有航空母舰起降能力的喷气式飞机最初采用的是传统的升降舵而不

---

① 原文此处有误。应为在 20 世纪 60 年代中期之前作为空中加油机使用。AJ 野人于 1950 年 8 月在"珊瑚海"号航空母舰上成功起降，初步完成将核弹扩充至海上机动平台的作战任务。50 年代末被 A3D 空中勇士取代，其变种机型加油机一直服役至 60 年代中期。——译者注。

是全动平尾（即方向舵两边的整个安定面是可以活动的）。不可逆液压飞行控制尚未出现，冗余液压系统、俯仰与偏航增稳系统亦未问世。即便是弹射座椅与空调系统也仍处于初级阶段。以上这些机上系统的缺失，再加上机组人员与维修人员需要学习所部署的新机型相关知识的需求，以及飞行手册与维修手册惯常性地缺乏或不合格的状态，综合这些条件来看，事故率与新飞机的引进率紧密相关这一现象也就不会让人感到奇怪了。

> **小知识**：传统飞机的水平尾翼是由固定的水平安定面和可偏转的升降舵组成的。随着飞机的不断发展，为了提高飞机的操纵性能，尤其是超声速飞机的操纵能力，如今许多超声速飞机都将水平尾翼设计成可偏转的整体，称为全动平尾。全动平尾将飞机的水平安定面和升降舵合二为一，通过转轴与机身相结合，可控制整个平尾偏转，使得飞机的操纵性能大大提高。

> **小知识**：冗余液压系统，即双回路液压制动系统。该系统利用相互独立的双腔制动主缸，通过两套独立管路分别控制两桥或三轮的车轮制动器。其特点是若其中一套管路发生故障而失效时，另一套管路仍能继续发挥制动作用，从而提高制动的可靠性和安全性。

> **小知识**：现代高性能飞机的设计中，追求安全性、经济性、环保性与舒适性，会将飞机设计成静不稳定或稳定性不足，这样可减小飞行阻力，增加升力，减小飞机重量，大大提高飞机的经济性。对于此类静不稳定或稳定性不足的飞机，现代电传飞控系统必须提供增稳系统，以便改善飞机的稳定性。

与此同时，航空工业面临着自身的挑战。对于整个航空界而言，同时完成以下工作是一项相当艰难的：为满足冷战带来的越来越多的威胁，由海军、空军提出的飞机与飞机系统的构思、设计与生产任务；为满足全球运输需求而由民航公司所提出的飞机与系统构思、设计与生产任务；利用当时新兴的大量新技术；对现有飞机制造厂商进行升级或扩展以满足新的飞机系统的生产需求。此后，人们对于高速动力学、型号新且功率更强的动力装置的可用性，以及如何利用快速发展的计算能力与航空电子设备的优势等方面理解得越来越深。事实上，在新型战斗机的设计中，电子齿轮的加入成为了一个关键因素。新型管理技术使得航空界，特别是军事航空界能够生产出性能越来越好的飞机并投入使用。

航空界几大分支的事故历程非常相似，第3章的有关图表中已反映出了这一点。在军界，特别是在二战后的那几年内，由于需要满足新的作战需求与官方要求，同时还由于需要遵守新的作战方式，军队航空业务中充满了动荡与兴奋的情绪。由于受到昂贵的电子系统、复杂的设计、特殊材料的使用以及对飞行速度与机动性前所未有的新要求的影响，飞机的成本越来越高。为了使飞机预算可控，飞机设计中实施了"共性"设计的概念。尽管如此，成本仍在继续增长，而此时另一项概念"并发"设计开始流行了起来，并发设计要求产品尚在图纸设计阶段时就要考虑生产工具与保障设备的相关设计。这些方案的目标都是为了加快采购过程，降低成本。然而这两个目标即便不是遥不可及，也通常是难以实现的。

尽管有许多困难，人们还是完成了对大量新型发动机与电子系统的研发、测试工作，并使它们进入到舰队服役，其数量之多在此之后很少再见到。尽管螺旋桨飞机仍在继续生产，但喷气式飞机、带后掠翼的喷气式飞机开始在舰队服役。发动机很快就从离心式过渡到轴流式再转变到高旁通涡扇发动机，以便获得更高的工作压力与更优的性能。新型且能力更强（也更难维护）的电子齿轮不得不被设计师所采用。在此期间，较旧型号的电子齿轮仍在舰队中使用。洛克希德公司的P2V海王星巡逻机（参见本章前面的内容）就是一个很好的例子。同时，直升机进入全盛时期，最初直升机采用的是活塞式发动机，但很快就改用了燃气涡轮发动机。制导导弹成为武器列表清单中的一项，这项武器既能作为机载武器使用，又能作为攻守各方的一种独立武器使用。计算机与电子技术首次亮相于设计、制造、导航、控制与其他领域。在 1950 至 2000 年间，飞机、机载系统、发动机、航空电子系统确实是经历了一场革命性的改变。这场革命对于航空安全的影响也是十分巨大的。

二战后，军界几大兵种角色与任务的不确定（见第 2 章），以及对民航的未来发展方向缺乏清晰的认识，导致了航空工业界本身的不确定性。由于战时合同随着战争结束而终止，所以各家航空公司不得不对下列问题做出决定：是继续专注于飞行器与发动机制造，还是寻求向非航空工业领域转变；是专注于军用还是专注于民用，抑或是军、民两个领域；对于制导导弹、喷气推进、垂直起降、高空超声速飞行等新的发展领域应做些什么。康维尔公司工程部在 1945 年 4 月发表的一段话中很好地表达出了这一进退两难的境地，"超声速飞机的工作才刚刚起步。实践中这一速度范围内并无相关的空气动力学数据可用，已有的数据也并不一致。"另外，从开始设计之日起，他们就发现建造高空高速飞行且复杂度较高的飞机，需要将注意力放到那些微小的细节上，并因此会带来空前高昂的成本。这是一个全新的领域与环境，不仅航空工业要面临这一问题，航空器的使用方同样也面临这一问题。

> **小知识**：康维尔公司是美国一家飞行器制造公司，后来公司业务扩展至火箭与航天器。该公司于 1943 年成立，1953 年被通用动力公司收购，后者是全球第 3 大航空与国防类企业，1994 年通用动力公司将康维尔飞机结构部门出售给麦道公司，1996 年正式关闭康维尔公司。

结果就是，一些航空公司合并了，其他航空公司要么改行，要么倒闭了。留下来的航空公司大多很快就意识到了新的形势，并将公司的注意力转到改善作战性能、生产性能（包括自动生产系统）、新材料的应用以及维修性的研发上。电子技术（与计算机）的重要性增长了，且随着航空业在其各代产品中使用了新方案与新材料的优势，因此飞机变得能力更强、安全性更高了。

诚然，在安全稳步改善方面也有一些例外机型存在。在飞机寿命周期内，F-8十字军战士战斗机发生了多次事故，而RA-5C民团团员攻击机在事故率方面也不落下风。尽管如此，这些安全改善方面的例外机型并不是很多。即便有这些例外情况的干扰，海军航空安全记录仍继续向好的方向改进。

> **小知识**：F-8十字军战士战斗机是20世纪50年代中期美国沃特公司为美国海军研发的一型舰载超声速战斗机。该机以出众的性能获得了海军的认可，并在越南战争中多次击落米格战机。但F-8的火炮故障率特别高，多次发生锁定目标后因火炮问题而无法击中目标的事件，对战果造成了很大影响。

> **小知识**：RA-5C民团团员攻击机由美国北美航空公司于1953年研制，1958年首飞，1961年交付部队使用，是美国海军一型全天候重型舰载攻击机。该机的多功能数字分析仪计算机系统极不稳定，无故障间隔时间仅为15分钟。该机于1963年停产，1979年退役。

除了这些数量众多的系统方面的改进之外，航空工业也加强了与客户、部队、商业航空公司的合作，并形成了"系统安全"的概念。在20世纪60年代晚期，航空工业与飞行器使用方开始将系统安全运用到新飞机的设计与生产方面，并在后来应用到了中队一级单位的作战使用上。这一概念要求在基于对危险进行辨识分析的基础上，基于系统的方法应用补救性控制，建立一套风险管理策略，其目的是（当前亦是）确保从武器系统的设计初期至采购阶段都将安全纳入考虑范围内，以便消除或至少是最小化人员风险与系统组件全寿命周期内材料失效或故障的发生。在很多领域内这一方法与人员因素科学结合在了一起（参见第10章与第11章），这一方法在飞机与飞机系统的制造、机务维修、物资保障方面的应用是海军航空安全改善的一个关键因素。

从整体安全的角度看，系统安全最有益的一项贡献就是吸收了所有方面取得的经验教训。这些经验教训既有来自工厂组装线上的，也有来自一线作战舰队的，还有来自飞机座舱内的。"阿尼鼠"（参见第2章）宣传系统、故障报告、来源于越来越深入的飞行事故调查所提交的事故报告及其建议，以及学习到的各方经验教训，全部都融入到了生产人员、维修人员与操作人员的系统安全过程中。应注意的是，系统安全与传统的控制策略或尝试控制截然不同。最起码，系统安全为冗余系统、备件系统、安全设备、告警设备的引入提供了便利，对紧急事件处理规程的制订也是一项必备要素。它包含了"安全性设计"的概念与实践，其中包括：

- 运载工具、全组件与系统的设计。
- 为操作人员开发操作规程。
- 为运载工具、组件与系统开发维修规程。
- 人员因素的考虑，将生理学与心理学知识与设计和工程知识联系起来。

除其他方面的考虑外，当一个承包商接手一型新型军用飞机的设计任务时，他会基于以下方面设计该型飞机：客户要求、军事设计规范（MIL-SPECs）、联邦航空条件以及之前工程中积累的知识与经验。同时还要考虑设计安全方面，包括正常、异常与紧急情况下的操作，即当发生一项或多项故障，以及在操作与维修规程中发生故障时的安全操作。在对安全的追求中包括了以下一些措施。

- 精心安排并设计组件与系统，以避免故障造成灾难性的后果。
- 为机组人员增加注意与告警系统。
- 增加诸如火警探测与灭火系统等的系统，避免潜在的灾难性故障发生。
- 提供主要组件与主要系统的冗余与备件，避免发生故障。
- 提供"相似余度"，例如额外的液压系统。
- 提供"非相似余度"，例如用于紧急放下起落架的压缩空气瓶。

人们使用以下几个分析工具对设计安全性进行评估。

• 定性风险评估：一套操作规程，通过该规程可按照某种标准对事件的严酷度进行分类，分类类别从灾难性到安全；还可按另一种标准评估事件发生的可能性，分类类别从经常发生到极少发生。

• 故障模式及影响分析（FMEA）：组件或系统失效对运载器操作影响的系统分析流程。

• 故障树分析（FTA）：某组件或系统失效对运载器其他组件或系统影响的系统分析流程。

• 软件独立查证与验证（IV&V）：确认产生飞行控制与飞行管理系统指令的软件程序按照所期望的方式运行，且确认软件产生的任何指令组合都不会导致灾难性事件发生的系统分析流程。

• 概率风险分析（PRA）：综合运用 FTA 与 FMEA 确定出整个运载器发生灾难性事件概率的系统分析流程。

这些评估方法也会用于安全设计的其他方面，有些是强制性的，有些是非强制性的，例如初步设计评审，关键性设计审查，资历老、富有经验的专家审查，参与评审的专家组不是由项目的提出者、拥护者与支持者所组成的非拥护者联盟的审查，由独立的评审团队执行的审查。一路评审下来，各类组件与系统自然而然也就得到了各种测试。

尽管工业界与军方都对上面所述的这些工作都相当认可，但系统并非一成不变。例如，人们在工作中持续使用了在设计过程早期吸取的那些经验教训，以及在每个阶段都会包括供应商的参与。人们对于人员因素，特别是机组人员人机接口方面的重视程度也越来越多。

这并不是说设计过失就从来不会出现在事故分析当中。1972 年 5 月出版的 *Approach* 中介绍了两起 T2B 飞机事故，尽管在这两起事故中飞行学员受到了责难，但也要看到左侧控制台着陆滑行灯的开关与燃油输送开关的距离仅有 2 英寸，且两个开关具有相同的升降锁结构，这很容易让人误操作。夜间编队飞行的飞行员，特别是新手飞行员极易拨动到错误的开关上。这一设计得到了更正，但却是以损失 2 架飞机换来的。至少从这两起事故中学到的经验教训推动了设计上的改变，哪怕这一改变是在 19 个月之后。将更多的注意力关注到今天所谓的"人员因素"上更有可能杜绝这些事故的发生。

正如人们在事故调查与维修中所做的那样，人员因素在设计中的重要性越来越大，特别是在二战后且喷气式飞机出现后更是如此。在较早期阶段，以前被称为"人类工程学家"的人员因素工程师在设计过程中被认为是一种事后诸葛亮的想法。当海军航空局与航空军医开始更紧密的合作时，当海军安全中心开始从人为过失研究与分析项目（HERAP）中提供确实有力的数据时，以及最近受海军方面的启发而开发的国防部人因分析与分类系统（HFACS）问世时，人员因素与人员工程师才更加充分地融入到了设计过程中。当用户的反馈变得可用时，这个过程就会变成迭代式的过程。不管这些反馈是匿名的（以"阿尼鼠"的名义出现），还是来源于"不满意报告"、事故症候报告、事故调查或其他方面，组件与系统失效率数据库中的数据都能得到比以前更准确的发展，系统设计人员也可据此采取改进措施。这些改进措施的范围包括工作区界面、显示与仪表面板、控制系统设计以及整体配置等方面的改善。以上所有这些措施的结果是飞机与武器系统更加安全了，能力更强了，且维修性更高了。这一事实也反映在了 20 世纪后 50 年越来越低的事故率上，特别是自 HERAP 与 HFACS 出现之后。

在对人员因素越来越关注的领域中，座舱与显示系统是其中较为显著且较为重要的一项成果。如果让 50 年代的飞行员转而使用 2000 年或 2015 年的座舱，那么他可能会感到怅然若失。"气压表"（刻度盘、显示灯、计数器）一去不复返了，取而代之的是具有多功能的电子显示器，只需轻触操纵杆或座侧驾驶杆上的按钮便可输出几幅图片。平视显示器将图像投放到风挡玻璃上，可显示出目标信息、导航路线、空速、着陆进场信息、燃油状态、发动机工作状态与其他信息。尽管平视显示器能够显示这么多的信息，但它仍无法取代具有良好扫描功能的座舱显示器。只有当飞行员进行高强度的紧张飞行训练时，飞行员由于不便在驾驶飞行时低头看座舱显示器上的数据信息，此时平视显示器才可能取代座舱显示器。尽管如此，平视显示器仍以一种人们尚未完全理解的方式促进了飞行安全。

> **小知识**：现代战斗机的标准设备是所谓的玻璃座舱，即一个全部或大部分传统仪表都被计算机显示屏所替代的现代化显示系统。老式的电子机械仪表设备由多个不同的单独计量器组成，每一部分负责不同的功能，而现代的显示系统大部分是计算机屏幕，可根据用户需要以图形方式显示多个仪表的信息。因此，玻璃座舱是一项革命性的革新。但飞行员使用这些仪器时仍无法满足低空高速或紧张飞行时的飞机驾驶要求，因为飞行员将不得不在紧张飞行过程中低头看显示器上的信息，这降低了飞行的安全程度。为解决这一问题，人们推出了平视显示器，这是一种使飞行员不用注视驾驶舱显示器就能看到飞行基本数据和信息的光学电子系统。该系统可将主要飞行参数投影到驾驶员头盔或风挡玻璃上，使得飞行员向前平视机外的前方视景时能同时看到这些主要的飞行参数。

国会与国防部的联合作用减缓了新型飞机向部队的引进步速。当然，需求方面的空前增长、飞机使用方的监督、制造商对军用飞机的细致设计与生产，都是在国防部的指示（通常是复杂的指令）和国会的监督（有时甚至是干预）及支持下进行的。在某种程度上讲，这种监督是有历史渊源的。事实上，对国会而言，这种监督的权利来源于宪法。尽管如此，这种监督仍会且通常会延迟采购过程，甚至是延迟最佳的采购过程。由于军事采购开始占据国家预算的比例越来越大，且由于几起采购丑闻的公开，20世纪50年代后期开始出现了针对使用方与供应商的各类法律与指示，人们可在这些法律与指示中找到涉及飞机与系统采购方面的案例。

至少是部分基于以上原因，国会与国防部长办公室（OSD）开始下达指令，要求包括飞机在内的武器系统的开发与采购应使用特定的流程。事实上，为确保对技术现实与采购实践之间的关系进行详细分析，人们开发了一套"武器程序",该程序要求在武器系统采购过程中包括4个主要的阶段:概念阶段、定义阶段、采办阶段与运行阶段。OSD 参谋部会一直深入参与到各个阶段的运行活动当中。之后又成立了 OSD 董事会,并发布命令要求相关部门下达更多的指令,或是成立更多的常务委员会,以及召集更多的会议,以便能够为需求分析、准备相关的工作说明等提供审查与指导,这些工作有时甚至会涉及最为微小的细节。日常文书工作随飞机、发动机与系统的生产呈反比增长。同样地,人员数量也在上升,增加了更多的监管人员以监察越来越多的工作人员,而同时单位的产出却随之下降且成本随之上升。

很多情况下,这些程序对整个采购系统是有利的,但在其他一些情况中,这些程序只会延迟已经很慢的采购过程,且通常会在已经堆积如山的开销上再增加不必要的官僚形式的作风。除其他方面的影响外,这种放缓的过程意味着海军与海军陆战队完成首飞的飞机数量变少了,也因此竟以一种未曾预料到的方式产生了令人愉悦的事情——人们有更多的时间用于更好地学习与熟悉业务,因此整体作战也更加安全了。这种安全方面的改善也反映在了图 13.1 当中。

如果仅仅说海军航空兵自 1950 年以来发生了一场革命的话就显得太轻描淡写了。与其他航空业一样,海军航空兵也见证了飞机及其推进系统的出现,其性能越来越优,可靠性越来越好,且安全性也越来越高。类似地,操纵系统、液压系统与航空电子设备系统也做出了各自的贡献。无论从哪方面讲,海军航空兵都比以前要更安全了,这一成果的取得离不开所有这些方面的发展与其他一些方面的影响。各个方面的贡献不仅反映在了作战能力上,而且也反映在了安全性能上。

虽然人们认为新飞机的采购速度可能不会最先影响到部队的安全方面,但数据显示实际情况却恰恰相反。当新型飞机的交付频率高时,整个海军的事故率也会变高;而当新型飞机的交付频率变缓时,事故率也随之降低。很明显,这并不是一项预定的事故预防工作,将新型飞机引入到舰队带来了很多政治上、官僚上以及技术上的挑战,但并非所有这些挑战都来自于安全领域。无心插柳柳成荫，这正是这种非预期现象的一个典型例子。所有的这些非预期后果使得引进新飞机的步速放缓了，而这又意味着机组人员、维修人员与后勤供给人员有更多的时间去熟悉各自领域内的业务并成为业务专家。因为他们不用在较短的时间内被迫去学习几种不同型号的飞机。换句话说，在再次开始之前，他们有时间爬上学习曲线①。新的官僚体制的运行所产生的那些非预期后果对安全而言整体向好，但对采购费用、投产期以及与潜在外部敌人的作战能力相匹配方面就不是那么好了。

新型飞机列装部队的数量减少这一事实对事故率的改善有所贡献，但这一贡献的重要程度并未超过安全中心的那些工作，也未超过 RAG 与 NATOPS 的实施、斜角甲板的应用、维修与后勤管理工作的改进以及航空航天医学越来越强的专业素养对事故率的影响。虽然如此，系统安全、安全性设计以及许多其他方面的改善工作并未得到人们的充分认可，尽管这些方面都是 20 世纪后 50 年里海军航空安全戏剧性提高的主要因素之一。

---

① 学习曲线又称练习曲线，是指在一定时间内获得技能或知识的速率，学习曲线体现了熟能生巧的原则。

# 第 14 章

## 虚拟飞行

飞行模拟器与综合训练机

> 飞机按照空气动力学定律在空中飞行。由机械设备与电子设备组合而成的地面装置并不会遵守空气动力学定律,而想要试着让这类地面组装装置模拟出飞机的飞行行为是很困难的。一个完善的飞行模拟器能够在每一个细节上模拟出飞机的特定响应、操作特性以及飞行时的感觉。然而,没有什么是完美的,包括海军飞行员。大多数飞行员仍在抱怨和责骂这些神奇的模拟机,这些机器不但把所有的危险都排除在飞行训练之外,也将大部分飞行训练所带来的乐趣排除在外了。
>
> 英国皇家海军 C. A. 威奥中校

> 事实上,有些人会说在飞行模拟器里完成一次良好的飞行检验就像是对一具尸体进行了一次成功的手术。
>
> 无名氏

当前,飞行模拟器能够相当细致地模拟飞行的几乎每个阶段,从简单的飞行业务熟悉到复杂的多翼机机动飞行,再到空战、近距空中支援、反潜作战及其他飞行任务。飞行模拟器的应用范围很广,且从直觉上判断,人们可能会得出以下结论,即飞行模拟器能够且应该能对飞行安全发挥重大作用。麻烦的是,并没有多少研究与相关数据支持这一结论。通过检索相关文献并对飞行员的非正式调查显示,人们普遍认为飞行时间与飞行模拟训练时间的积累，与空勤人员士气及飞行安全多少有一些关系，但这方面的确凿证据少之又少。当每次提出消减预算、并建议增加模拟训练时间以代替实际飞行时间节约成本时，对这类证据的需求就会增加。当然也存在其他方面的因素，例如模拟飞行时间与部队的战备完好性与空勤人员的士气之间的联系，以及最重要的是模拟飞行时间与飞行安全之间的联系。

生活在 21 世纪早期的我们对生活中各领域的模拟器已经习以为常了。在电影与电视中、在主题公园中、在博物馆里、在计算机游戏中、在医学训练与牙医训练中、在驾驶员培训以及在复杂设备操作的工业环境中都能看到模拟器的应用。人们希望在飞行训练的各个阶段也能应用模拟器，不管是商业航空还是军事航空，抑或是航空航天领域，还有在军事地面车辆、水面舰艇、潜水艇等其他装备的操作上。然而在 20 世纪中期阶段时情况却并非如此。在当时，只有几个型号的飞机模拟器。后来世界范围内的许多领域中，所应用的模拟器数量激增，其应用增长状况是 20 世纪中期所无法想象的。在军事领域，训练模拟器的使用已远远超出了航空领域，且随着因特网的普及，远距离的互联互通使得模拟海军航空母舰（舰艇）战斗群与陆军师一级规模的作战成为可能。然而，飞行训练仍是已知的模拟器使用中应用最为广泛的领域。

出现上述现象的原因，可能是由于模拟器这一概念发源于航空领域。例如，当 1911 年海培·阿诺德在莱特飞机上开始进行飞行训练时，"其训练就开始于一个由粗糙的锯木架构建的模拟器中，飞行学员在其中学习如何操作飞机的操纵系统"。此类模拟器对于飞行训练是很有必要的，因为以今天的标准来看，莱特飞机操纵系统的复杂程度是令人难以置信的，且操作起来非常困难。不过，即便是使用更简单的操纵系统，很多飞行学员也会修缮下自己的训练场所，然后坐到一个带有扫帚柄或小型方向盘的椅子上，练习当天学习的飞行技术或是预先练习下次飞行课上要学的操作技术——这是一种具有最基本形式的模拟器。

> **小知识**：莱特飞机是指美国人莱特兄弟研制的系列飞机。1903年莱特兄弟制成世界上第一架可操纵、有动力装置、且能持续飞行的飞机，命名为"飞行者"1号，之后又制成了"飞行者"2号与3号。该系列的第一架军用飞机于1909年制成，当时的最大飞行速度为68km/h。

这种训练在本科飞行学员的训练中可能有效，但对于20世纪30年代那越来越复杂的飞机的训练而言，则就需更好的模拟器了。爱德华·林克，私人飞行员，管风琴制造商的儿子，发明出了第一台机械飞行模拟器，当时命名为"飞行员制造者"，后更名为广为人知的"林克教练机"（见图14.1）（或称环状训练舱）。由于刚开始的林克教练机只有基本的"操纵杆与方向舵"，没有任何仪表设备，早期的林克教练机只能放到游乐园中作为一种特殊的骑乘设施供游人娱乐。在部队要求夜航与全天候飞行成为飞行员的必备技能之后，且在转弯倾斜仪与空速表以及罗盘加装到林克教练机之后，该型教练机才成为仪表飞行教学与练习的首选训练设备。很快市场上就出现了其他专用的训练设备，但基本教练机仍保留使用林克教练机。在二战之前与二战期间以及战后的美国、英国、德国与日本，成千上万的人使用该型教练机对仪表飞行课目展开飞行训练。依据林克教练机人们又开发了复杂的飞机数字系统训练器，而今天所有的空中力量与航空公司都使用该型训练器开展飞行训练。

林克教练机及其他早期的综合教练机均基于这样一个假设，即任何教练机最关键的要素在于移动，也即为实现安全飞行，飞行员在看不见外界环境的条件下仍能感知到飞机是在平直飞行还是在爬升、俯冲、翻滚。因此，教练机在建造时也应具备转弯、爬升与俯冲的能力，以便复制出实际飞行的感觉。利用一套与类似管风琴的制造中使用的复杂波纹管系统，爱德华·林克实现了这些"移动"，而制造管风琴正是林克的第一份职业。一般认为，控制飞行感觉的不是人眼或肌肉，而是内耳的感觉知觉。即便如此，林克及其同时代的人仍继续推出具备转弯、倾斜、翻滚、机头上升、爬升与俯冲功能的模拟器。实际工作中，这些模拟器确实也发挥了作用，而且也满足了当时那个年代的需求，即便这些模拟器有很多众所周知的缺陷。

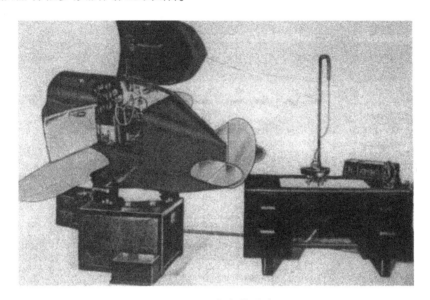

图 14.1　林克教练机

（资料来源：海军历史与遗产司令部）

---

**小知识**：林克平时在父亲开的一家生产钢琴和管风琴的公司工作，熟悉气动机械原理。于是他结合飞行经验，利用乐器的气动部件于 1929 年制造出了林克教练机。这台机器的箱式底座内装有多个管风琴的风箱和电动气泵，上面架有粗短的木制机身，并装有短翼和垂尾。使用者通过操纵杆和脚舵控制气动阀门，让不同位置的风箱充气膨胀或排气收缩，使训练机身产生俯仰、倾斜和偏航等变化。

---

例如，根据罗尔夫与史泰博[①]在关于教练机的最早描述中一点也未涉及仪表，"飞行模拟设备的主要目标是向飞行学员展示操纵系统对飞

---

① 两人曾于 1988 年合作出版著作《初级飞行训练》一书。

行姿态的反应与影响，并训练他们之间的协调行动。副翼、升降舵、方向舵的模拟效应是相互独立的。它们也并不能代表真实飞机所存在的那种相互作用"。即便是当电动系统代替波纹管气动系统之后，飞行模拟器仍然是运动型的。运动模拟器复杂且昂贵，因此人们仍建造了一些固定式的飞行模拟器，且大部分是作为部分任务训练器使用的。部分任务训练器是用于训练部分活动技能的练习器，还有一种整体任务训练器，用于训练整个活动技术或大部分的活动技能。然而，人们已经开始讨论一个问题，即飞行模拟器是运动型的好还是固定式的好？直到今天这一问题仍未解决。因此，这两类模拟器都会出现在军方、航空公司，甚至是初级飞行训练过程中，尽管后者倾向于使用更加简单且成本更低的固定式飞行模拟器，前提是此类设备安全可靠。

**小知识**：如前所述，最开始时固定在台子上的林克教练机并未受到航空界的重视，而是作为一种玩具用在了游乐场上。一战期间的飞行模拟器是将机翼截短而成的"企鹅"机，能够以 60km/h 的速度进行蛙跳式的滑跑与起降。1934 年时固定式林克教练机才被美国军方引入飞行训练。

在二战之前与二战期间，林克教练机在海军飞行训练方面发挥了关键作用，特别是在海军需要快速训练出大量新的飞行员时更是如此。尽管如此，如果不讲海军少将路易斯·德·佛瑞兹（见图 14.2）的事迹的话，那么本章讲述海军飞行模拟训练的内容就将是一个不完整的故事了。

1941 年 4 月，海军中校的德·佛瑞兹成为了海军航空局工程分部特种设备办公处的责任人，当时他正积极倡导"综合训练设备"的使用，以便能够提高战备水平。整个二战期间，他所在的办公处开发了许多创新性的训练设备，其中包括使用动画电影训练飞机炮手的训练设备、定点轰炸的训练设备以及一套建立模拟地形以便战场规划的工具包。他甚至还与海军上校 P. V. H. 威姆斯合作建立了一套天文导航设备。威姆斯上校是一位著名的海军导航研究员，同时他也是一名发明家与教员。佛

图 14.2　1948 年，惠勒·威廉姆斯为海军少将德·佛瑞兹制作半身像。这尊半身像现存放于佛罗里达州奥兰多市海军航空作战训练系统分部的德·佛瑞兹大楼

（资料来源：海军航空作战训练系统分部，奥兰多）

瑞兹的另一项主要成就是为大型、多乘员（3 人以上乘员）的 PBM-3 "水手"海上飞机构建了作战教练机。随着他所负责的办公处的规模逐渐变大，且对海军的重要性越来越高，该办公处升格为了特种设备分部；1946 年 8 月，该分部又改制成了纽约长岛华盛顿港的特种设备中心。如今，该中心规模进一步变大且人员数量进一步变多，办公地点也移到了佛罗里达州的奥兰多市，名称变为海军航空系统司令部下属的海军航空作战训练系统分部。不幸的是，德·佛瑞兹没有留下很多著作，显然也没有传记作家为他作传；尽管如此，我们仍能通过他的工作业绩、上司对他的高度认可、他的演讲来了解他。他留给世人的真正遗产是各种训练系统，不仅包括飞行模拟器，也包括射击练习器、针对夜间战斗机的雷达练习器、能使飞行员熟练使用自动驾驶仪的训练器以及其他用途的训练器。

> **小知识**：PBM"水手"海上飞机由马丁公司研发，采用高单翼、船形机身，双展翼结构具有两台星形发动机，主要执行反潜、海上巡逻、运输及海上搜救等任务。该机长24.33m，机高8.4m，翼展35.97m，机上乘员9人，最大起飞重量26308kg，最大飞行速度340km/h，最大航程3605km。1941年第一批PMB-1进入海军VP-74中队服役，1942年PBM-3换上了固定的悬臂式浮筒，并采用了加长型发动机舱，1949年该机停产，1964年退出现役。马丁公司共生产了1405架各型PBM。

德·佛瑞兹在战后便退出了现役，但对于50年代经历过海军航空飞行训练的飞行员们，以及后来从他建立的特种设备中心受益的人们而言，德·佛瑞兹的影响从未离开过他们。多种类型的模拟训练方法纳入到了飞行训练大纲中：飞行学员进行地面模拟跳伞训练，练习从一架静止的SNJ飞机上往地面一个弹性网上跳伞（为了模拟真实的机上跳伞环境，飞机的发动机会被打开）；在迪尔伯特·邓克上练习飞机水上迫降后的处置；在夜视训练器上学习如何更好地进行夜间观察；在低压室进行缺氧条件下的症状练习。与此同时，之前提到的林克教练机仍广泛应用在仪表训练课目中。多年来，海军飞行员只接受少量的仪表飞行训练，而真正的专业知识只能从相对较少的夜间战斗机、攻击机与运输机飞行中获取。直到20世纪50年代早期，所有飞行员才被要求精通仪表飞行（见第4章）。当时，所有的飞行员不得不熟悉"盲目飞行"[①]与空中导航，当然这就意味着新分配下来的海军飞行员必须经过培训以获取飞行资质。与之前相比，林克教练机的重要程度因此而提高了。

> **小知识**：SNJ，即T-6"德克萨斯人"教练机，是一种由北美航空公司制造的单引擎纵列双座初级教练机，自二战以来一直用于训练美国陆军航

---

① 盲目飞行，指将座舱玻璃全部遮盖住的盲飞。——译者注。

空队、美国海军、英国皇家空军和其他英联邦与美国盟友的空军部队，陆军航空队称之为 AT-6，美国海军称之为 SNJ，英国皇家空军称之为 Harvard。该机乘员 2 人，机长 8.83m，翼展 12.8m，机高 3.58m。

**小知识**：飞行学员跳伞训练并不会直接从空中飞行的机上跳下，而是首先从一个 1~3m 的跳台上练习跳到网上或沙坑上，然后再在一架发动机开机但静止的飞机上练习从舱门口往地面跳，最后才是从空中飞行的飞机上实操跳伞。

**小知识**：迪尔伯特·邓克是一种飞行员训练装置，主要是练习如何从水上迫降的飞机上正确逃生。该设备由航海工程师威尔弗雷德·嘉娜宝于二战期间发明。

　　林克教练机上飞行新手们使用的仪表面板与无线电操纵真实地模仿了 SNJ 的仪表面板与操纵系统。操纵控制系统可以产生相应地运动；对于实际飞机所需的飞行模式，以及对于低频无线电导航而言，关闭林克机上的篷罩进行暗舱训练为飞行学员们提供了良好的实践。实际上，它就是一台基于经验所建造的具有简单形式的模拟计算机，对于当时那个年代而言这是适用的，但以今天的标准来看很难称之为是一台飞行模拟器。

　　随着飞机性能的提高以及一些机上精密设备的装配，那种简单的基于模拟的"篮箱子"（众所周知，林克教练机都被喷涂成天蓝色）教练机很难再做到这种水平。因此，与飞机技术与性能的提升相一致的是，训练开始转向使用电子与数字计算机；飞行模拟器的能力越来越强，精密度越来越高。很多都配备了液压制动器。很快，又加入了故障注入功能，逼真程度也得到了提高，还设置了基于阴极射线管的计算机合成图像。基于所有的这些成果改进，我们现在拥有了部分任务训练器、固定式训练器、移动式训练器、基于计算机的训练器、程序训练器、作战教练机（OFT）、武器系统训练器（WST）、六自由度运动训练器、夜间着舰训练器（NCLT）、LSO训练器，以及其他一些专门用途的训练器与任务推演训练器，许多训练器都通过高速链路进行了联网。应当注意的是，尽管看上去训练器所涉及的领域很宽泛，但这些训练器中并没有维修方面的训练器，没有物资供给方面的训练器，也没有工程设计与测试、心理学与医学研究等方面的训练器。

总之，在20世纪60年代末期时，飞行模拟器已有了现代化的形式。尽管从那之后每代新型模拟器的逼真程度与应用数量都有增长，但历代模拟器的改进在很大程度上是在之前所确立的基本原则上进行的修改。然而，仍有一个问题需要回答，即飞行时间、模拟器训练时间与飞行员自信心、战备水平、成本、飞行安全性的最佳平稳点在哪里？如何找到这个正确的平稳点？

拥护者们认为，飞行模拟器与现场培训的相对优势可分为以下几点：

- 增强安全性；
- 降低训练成本；
- 可部分代替（减少）所需的飞行时间；
- 需要更少的训练飞机；
- 提供更加准确的专业评级。

不幸的是，事情并未完全确定到这种程度。尽管以上各项优势看起来不错，但其中存在的首要问题是：在模拟器上的训练时间不会对职务晋升与个人薪资带来有利影响，也不会被计入"飞行小时数"中，而这是与所有级别的飞行员都紧密相关的一项衡量指标。第二项问题是：海军的装备目录清单中并没有足够的模拟器能够覆盖战备水平与安全性方面的所有指标与需求条件。人们一直要在飞机与模拟器之间权衡分配采购资金，而在很大程度上都是需要优先考虑飞机的。第三项问题是：尽管模拟器能够很好地用于磨炼某些特定技能，但在涉及心理运动能力的现实实践方面，模拟器还远远达不到要求。这种情况已反复出现了多次。最后一项问题是：飞机的配置与任务一直在改变，而为了满足这种条件下的保障需求，要么增加成本改进模拟器，要么减弱个体模拟器的逼真程度。

> **小知识**：心理运动能力是指控制有机体运动，保证运动任务完成所需的能力，这种能力可作为特定岗位人员选拔的重要指标，一般包括精确控制，四肢协调，反应定向，反应时间，手臂灵活，随动控制，腕、手灵活，手指灵活，臂、手稳定，腕、指速度，瞄准11个方面。

关于后者，考虑以下状况：除了基本的模拟器系统熟练化操作与模拟器本身的性能特征外，人们已证明模拟器训练的有效性不但与模拟器的逼真程度与配备高低有关，还与许多其他可变因素有关。尽管向学员们传授技术在训练的初始阶段效果相当明显，但随着时间的推移这一效果也倾向于慢慢减少，这一过程与传统的学习曲线类似。这种效果也受到许多因素的影响，例如总的飞行经验、在模拟机型上的训练时间以及任务类型等。尽管人们开发了一个公式用于衡量培训迁移[①]，但仍存在一个权衡对比问题，即模拟器训练的成本与收益对比于类似机载训练的成本与收益，当然还存在安全性方面的对比问题。

在长时间的观察后，人们达到了一个普遍共识，即在模拟器中学习并练习仪表飞行、NATOPS与仪表检查、新设备与新规程，要比在飞行中学习与练习的效果好得多，尤其是使用OFT的话更是如此。当一名学员初次飞行时，以及当一名飞行员试驾新飞机，特别是20世纪50年代那种型号更新、性能更高的飞机时，飞行事故的发生概率就会随着驾机人员在模拟器上的训练时长而大大缩减。事实上，尽管环境有些不同，但商业航空的飞行员们则完全依赖飞行模拟器来完成他们的初级教学、复飞训练与定期飞行检查。在军界，模拟器非常适合于作战任务的推演，特别是涉及部队训练与多部队合同训练时更是如此。相互联网的

---

① 培训迁移，是指受训人员将培训所学知识与技能有效且持续地运用于工作之中。

武器系统训练器对于多乘员飞机,以及单乘员飞机的编队飞行训练而言特别有效。在这一点上,有研究表明,对于涉及输入数据分析的事件而言,模拟仿真较为适用,收益也最多,例如反潜战训练即是一例。而对于需要尝试复制情境条件或环境条件的事件而言,模拟仿真的使用频率最低,所收到的效益回报也最少,例如进攻作战训练即是一例。

总之,当有人提议用飞行模拟器上的训练时间置换飞行时间时,上段中提到的人们所达成的普遍共识便开始分化瓦解。另外,飞行模拟器的有限可用度,以及飞行模拟器难以与作战发展与作战需求保持一致的现实困难,对飞行模拟器的使用产生了重要且有害的影响。也由于上述原因,飞行模拟器更倾向于用在训练与后备飞行中队中,这类中队优先考虑的是飞行学员而不是舰队机组人员。事实上,在海军飞行训练司令部之外,大部分飞行模拟器都由舰队后备飞行中队使用;舰队飞行中队中的每名机组人员平均每月仅使用约 1 小时的飞行模拟器。同时,大量模拟器时间并未使用,而且战术空中中队,直升机中队与巡逻机中队在模拟器的使用上存在明显差异。很多这方面的差异可归因于所执行任务的差异以及小型机组与较大型机组之间的差异,小型机组有时仅有一名飞行员,而较大型机组则需要针对任务协调开展岗位培训。另外,一旦在任一特定时期内超过某一最小飞行时间,模拟器飞行训练的实战价值就会快速减弱。一些学者将此总结如下:

● 在新产品引介、练习、"转换"、操作过程、NATOPS 与预演等领域,模拟仿真是有效的。

● 知觉动作技能的学习需要现场培训。

● 飞行模拟器不能代替实际的飞行时间。飞行模拟器提供的是辅助训练与补充训练,目的是降低日益增长的装备复杂度与任务量所带来的困难度。

● 飞行员经验是影响模拟器价值发挥的一项因素。对于年轻飞行员而言,在模拟器训练与飞行器飞行时间之间存在着一种增资作用,应将在模拟器上的预演设置在实际飞行之前。富有经验的飞行员可以仅使用模拟器来展示飞机在各领域的通用性而无需实际驾驶它们。

- 平台类型是影响模拟器价值体现的另一项因素。一项任务需要特定种类的机型，例如战斗机、旋翼机与倾斜翼飞机，这类任务需要进行感官输入与态势感知，因此需要较多的飞行训练时间才能完成任务。而更多的任务是由其他类型的飞机完成的，这些任务可在模拟器中完成训练。

- 所执行的战术是影响模拟器价值的一项因素。武器投射的学习与评估可在模拟器上完成，机组成员之间的协调配合也能在模拟器中有效完成，但在模拟器上模拟部队之间的强强对抗演练当前还有待提高。

- 通过合适的模拟器可方便地完成复杂操作或难度较大作业的教学。例如，一项1969年与1970年的评估显示，以技术性复飞次数更少与舰载机着舰成功率更高来衡量的话，相比于没有在模拟器上训练过的飞行员，在模拟器上经过练习的飞行员表现出了明显的进步。这项评估中的飞行员是从舰队航空母舰上在首批NCLT上训练过的飞行员中抽取的。

- 消极训练会养成一些不良习惯，因此需要避免。长时间训练后，人们对模拟器的行为较为熟悉，模拟器就变成了可预测的训练器，训练人员会因此而习得一些不当反应。这样的模拟器可能会让人产生错觉，误认为训练人员已达到某种熟练度。

- 用于采购与用于使模拟器与舰队机型保持一致的资金并不充足。对于基础知识之外的那些知识学习与实践而言，这导致了模拟器通常是过时且实用性不强的状况。

然而，"帐篷里不可避免地还有另一根长杆"，而且是非常长的一根，即飞行日志本中会记录空中的实际飞行时间，但不会记录模拟器上的训练时间。就像我们看到的那样，对于海军飞行员而言，飞行日志本上的飞行时间就像自己存在银行里的金子一样值钱。抛开其他方面的背景，如果一名飞行员在飞行日志中的飞行时间越多，那么他所受的重视程度也会越高。传统的观点是，日志中的飞行时间越多，选拔到较有声望的职位上、获得任职与晋升的机会也就会越大。对于一名航空母舰飞行员而言，只有舰载机阻拦着舰的次数与执行的战斗任务能够胜过飞行时间这一指标。因此，尽管模拟器上的训练很有价值，也能节省很多的钱，但无论是飞行员还是飞行员的上司们，都很少有人会认为模拟训练时间的重要性等同于实际飞行时间。尽管几乎每个人都承认，对于将一名新手训练成一名合格的飞行员而言，或者是对于将一名新手培养成一名合格操作设备的操作员来言，模拟器上的训练时间能够加快培训过程，但没有一名飞行员情愿去用模拟器时间代替实际飞行，这种做法在超过一定的限度后会对维持部队士气与保留人才上产生不利影响。

底线是，模拟器训练并不能取代在飞机上的实际飞行经验。但如果善加利用的话，也能够增强战备水平与安全性。尽管上面所举的大多数证据的科学性低一些，轶闻趣事的味道更浓一些，但关于这一主题的成果中至少已有一本书那么长的一篇报告，一项由海军委托、由兰德公司执行的相关研究，几项由 CNO 参谋部指导、由海军分析中心负责实施的项目研究，以及至少一篇海军研究生学院的论文。然而，由于这些报告、研究与论文未被具体执行过，因此他们的结论还未被最终验证。

另一项研究中只针对预备役巡逻机的机组人员展开，该项研究名为"飞行模拟器在训练效果度量与提升中的应用"。研究发现，随着在模拟器上训练时间的累积，这些预备役飞行员的评估分数得到了大幅增长；随着时间的进一步累积，他们掌握的技能会越来越多，表现的也会与现役飞行员一样出色。这很可能是因为研究对象中除飞行员外，巡逻机上其他机组人员的工作并不特别依赖于运动技能的缘故。近期的另一项研究对上述工作进行了扩展，研究对象涵盖了战术空中飞机与直升机中的常规机组人员。对他们而言，运动技能是十分重要的。该项研究名为"飞行模拟器对海军作战飞行中队的训练与战备水平的贡献"。与上面针对预备役巡逻机的机组人员所进行的研究不同的是，该项研究中的人员是从东、西两大海岸战斗机与直升机飞行员与机组人员中挑选的，研究的内容是他们在模拟器上的训练使用效果。虽然研究仅归纳性地涉及安全方面，但其结论相当有趣。研究结论有：

- 即便是在当前的配置下，模拟器仍有大量未开发的潜力。模拟器能够对程序类与决策类的技术带来很大帮助，但在当前的配置与使用方式下还达不到它应有的帮助程度。

- 在当前的模拟器上有效开展感知运动技能训练的潜力是有限的。

第一条结论中，"在当前的配置下"这一前提反映了模拟器未能及时更新，其功能不能与所模拟的机型保持一致，这是十分确定的。更进一步地，研究发现大多数模拟训练都面向程序式技能类，但决策式技能训练的模拟器却很少，这与第二项结论是一致的。这很可能是因为大多数模拟器都不具备知觉运动技能的缘故。另外，富有经验的飞行员能够适应实际飞行中的细微差别，而这些细微差别是模拟器所不能复制的。以上这些原因，导致了在作战飞行中队的日常训练中很少使用模拟器。事实上，研究中呈现的数据表明，每20~30飞行训练小时中只有1小时是花费在模拟器上的，且这1小时的模拟飞行训练，其课目也大多面向NATOPS与仪表检查项目开设。

然而，另一项研究项目所关注的是海军与海军陆战队的战斗机与攻击机，项目名称为"飞行时间、模拟器与安全：飞行安全趋势一览"。这一项目由CNA全面负责，项目研究指出，培训与准备手册中认可了模拟器的价值，且项目确认模拟器在舰队飞行中队中用于NATOPS检查与紧急事件处理规程训练的效果明显很好。特别地，研究强调，模拟器能够在地面安全环境下生成危险的飞行场景以供人们训练使用。研究还发现，NCLT是安全性提高的一个明显因素，但并未给出任何数据支持这一结论。也没有任何数据表明模拟器训练小时数对事故率的影响。不幸的是，由于安全中心与基地的海军与海军陆战队机构都未收集过模拟器方面的使用数据，因此很难知道事故率是如何随模拟器飞行训练时间变化的。

尽管缺乏这方面的相关数据，但飞行模拟器的使用基于以下观点，即飞行员在模拟器上的训练至少在某种程度上提高了安全性，这是被人们广泛认可的。因为无论飞行员做何种危险操作,都不可能在模拟器上造成人员伤亡与飞机损毁的事件发生。事实上,飞行员群体一致认可,在模拟器上认真练习操作规程,特别是紧急事件处理规程,能够提高飞行安全。如果询问一名飞行员在模拟器上的训练是否让其在实际飞行中变得更加安全时,所听到的回答往往是:"是的,但是……"——"但是"的意思是"模拟器永远也代替不了实际飞行"。然而,这一态度正开始发生转变。

过去20年间,模拟器的逼真程度,包括与所模拟机型的同步改进上,以及仿真多架飞机的战术机动能力上,都几乎是在呈指数级提高的。因此,模拟器的应用领域超出了程序式任务训练的范围,应用到了复杂程度更高的技术训练中。例如空空作战、座舱资源管理、任务推演、编队飞行等方面。增加模拟器的网络能力,在多个模拟器上进行团队训练成为可能。例如,通过"分布式任务培训",许多飞机模拟器能够互相联网,这极大地帮助了飞行员团队成员之间的协同。随着此类模拟器的使用,飞行员对模拟器的信心也在增长。不幸的是,就像其他类型的模拟器类似,(除航空公司外)用于购买合适数量的飞行器并衡量它们效能的资金很少。

模拟器在事故预防方面发挥着一定作用,这是毫无疑问的。但在人们对这方面进行的几项研究中,并未发现有特别明显的结论能表明模拟器训练与飞行安全之间的关系。一个例外是,研究表明在多乘员飞机上,模拟器训练时间有利于飞行准备,也自然有利于安全方面。从长期经验中总结出的一项专家意见也认为,在那些能够复现危险飞行场景的模拟器上进行训练,例如在NCLT上训练,能提高飞行安全性。由于夜间着舰是最有可能发生事故的活动之一,因此这些意见值得人们高度重视。由此也可推论出,如果能够配置适当的模拟器,并能恰当使用的话,是能够切实提高飞行安全的。

基于前述讨论,我们可以得到以下几项关于使用模拟器方面的结论:

- 模拟器可很好地适用于飞机与武器系统的初级训练任务、仪表飞行训练,以及任意给定系统资质的定期检查训练。

- 在作战飞行中队中是否可将模拟器训练时间代替飞行时间可能还要综合研究后才能确定,但将实际飞行时间作为飞行员水平的全部衡量指标这一传统做法所带来的部队士气、人员去留,以及改变这一传统的可能性是将来不得不解决的一项问题。

- 当综合性的模拟器训练项目到位,且在整个部队单位生效时,飞行安全得到了明显加强,但加强的幅度一般来讲并不明确。

- 逼真度较低是一个主要问题,该问题迫使机组人员不得不对模拟器训练中的积极训练与消极训练加以区分。

尽管没有大量确凿证据,但各型模拟器的使用确实对过去50年间的海军航空安全做出了极大的贡献。这一推论是合理的,特别是在1950至1960年间更是如此,当时喷气式飞机大批量地列装部队,这些飞机的机载系统功能更强且精密性较高,而且当时夜间飞行与全天候飞行成为了舰基与岸基飞行员的一项通用性要求。也正是在这10年间,模拟器技术变得成熟了,且其应用贯穿了整个海军航空界。与此同时,海军与海军陆战队的事故率下降了几乎一半。

很显然,不论是刚开始时对新型飞机的学习还是复杂性高的飞行战斗任务,飞行新手与富有经验的飞行员在其整个飞行阶段的前期准备中使用模拟器进行训练这一做法,对于海军航空兵的战备水平与飞行安全做出了极大贡献,尽管这些贡献难以完全量化。

# 第 15 章

# 进入 21 世纪

ORM、CRM 与文化氛围营造

20 世纪晚期，重大事故率已趋近于零，传统事故诱因的数量也变得很少，人们开始有机会关注事故预防方面的工作，该项工作在以前是被人们所忽视的。虽然人们越来越认识到人为因素的重要性，但在海军航空界，直到 80 年代末期，诸如机组资源管理（CRM）与作战风险管理（ORM）的概念甚至还未开始考虑，更不用说去很好地了解了。直到 90 年代，这些概念还未得到广泛实施。现如今，除人为因素外，CRM 与 ORM 已成为设计、制造、保障、维修、训练、飞行作战、事故调查与其他领域中的关键考虑因素。随着海军航空事故预防工作取得进一步发展，事故预防方面的进步也将毫无疑问地进入 CRM 与 ORM 领域。

从海军航空的最早期年代起，事实上是从海军、海军陆战队与海岸警卫队的最早期年代起，任务指挥官在执行所有任务时就扮演着关键角色的作用。实际上根据法规，任务指挥官具有最终主管权、责任权与解释权。同时，任务指挥官在一组机组人员或是一架僚机的支持下协助完成任务，在执行作战任务时若未能恰当地关注风险管理，或是以不安全的方式执行作战任务时，这些协助任务指挥官的下属人员就有责任表达意见。这是 ORM 与 CRM 的中心思想。"参与型领导方式"是指领导人员创造出一种氛围，其中的任何人都可在必要时提出意见并对决策做出贡献。对于信奉这种方式的人而言，CRM 与 ORM 只是将他们这种领导方式的经验编纂了出来而已。承认了人为因素的重要性后，人们将 ORM 与 CRM 当作所有任务成功实施的中心因素。然而不幸的是，在此之前参与型管理并未被经常实施，今天人们所了解的 CRM 与 ORM 的概念也未被广泛认可，通常人们对此武断地忽视或轻视了。

> **小知识**：领导行为分 3 种：一是集权型领导行为，又被称为独裁或专制式的领导行为，指领导者单独做出决策，然后发布指令与命令，明确规定并要求下属部门做什么和怎么做；二是参与型领导行为，指在决策工作中，领导者让下属人员以各种形式参与决策；三是宽容型领导行为，又叫分权型领导行为，是领导者对下属人员或部门进行高度授权，让下属相对独立地完成任务。

对于那些 50、60、70 年代在海军航空界的工作、甚至是更早期的海军航空人员而言，当 CRM 与 ORM 被引入进来之时，术语"风险管理"与"机组资源管理"就像是从一些鲜为人知的心理学教科书上拿来的，或是从火星人那里听来的。在这两个术语名称形成之前，那些较好的飞行中队与较优的飞行机组就已经将这两个术语所代表的那些纪律付诸实践了，但没有人将实践中的这些纪律称呼为这两个术语的名称，且这些纪律也并未像后来那样正式。在极端情况下，风险管理可以用这样的口号来概括，如"不要低飞""别忘记切换燃油箱"。而机组资源管理通常会被简化为"就坐在那儿，不要讲话，在我要求时给我读出检查列表数据"，或是"待在我旁边，保持安静——当我想了解一些事时，我会去问你的"。很难统计因上述工作态度所导致的事故数量与事故征候数量；尽管研究事故报告确实会给人留下这样的感觉，但并没有留存记录可查。尽管如此，在 20 世纪的最后几年里，随着海军与海军陆战队的重大事故率趋向于零，指挥官与分析学家们已开始探索能使事故率进一步降低的方法。首项尝试性方法被称为机组协作训练（ACT），但很快这一名称就演变成了 CRM，且 ORM 也紧随其后产生。

20世纪90年代初期，在看到美国商业航空公司在应用CRM取得成功后，海军与海军陆战队也采用了CRM。CRM的目标是通过改善飞行相关人员的协作、交流与意识来提高安全性。1996年10月，航空董事会批准了在整个海军航空界实施ORM，之后在1997年4月又出台了海军作战部长与海军陆战队ORM指令。

得益于董事会中的高层领导，ORM很快就被纳入海军航空安全学校的课程大纲中，被海军安全中心管理层所采用，并在各飞行准备室、维修场所以及最终在舰队的其他部门得到了实施。事实上，尽管CRM是通过商业航空公司进入海军航空界的，但ORM是发源于海军的，且当前ORM早已扩展到了海军航空之外的领域，其应用延伸至空军与美国商业航空界，在将来还有可能应用到更广阔的领域。提高的效果并没有立即显现出来，改善的程度也不是很大，但却带来了一个意想不到的效果，即每个人——从最低阶的军士到高阶舰队的司令，都很快意识到他们也是CRM与ORM中的一部分。在ORM与CRM的工作效果得到越来越多的肯定时，完好性与士气也有了迅速提高。很多人都有一种相见恨晚的感觉，"为什么之前早没这么做呢？"当然，对于那些领导素养较高的单位而言，ORM与CRM还真不是什么新鲜事。但更进一步地，现如今ORM与CRM被编纂成了条令，随之而来的系列系统与规程使得一些松散的环节得到了清理，从而使得领导力变得更强了，因此也提高了各环节的安全性。

在整个海军航空界，确切地讲是在整个航空界，关于机组成员间协作不充分或不恰当的故事有很多。1999年，维格曼恩与夏佩尔（见第11章）报道称，"1986年至1990年间，所有飞行机组事故原因中，最常见的是机组成员之间缺乏协作或缺乏有效的机组资源管理。"有趣的是，在这同一篇报道中研究者发现，涉及CRM失效的战术空中飞机CRM事故大多都发生在非常规飞行或紧急状态下，而同样涉及失效的螺旋桨机 CRM 事故则大多都发生在常规飞行作战期间。尽管在航空界各团体内存在差别，但对于为什么机组资源管理在飞行的最初阶段存在缺陷这一问题，这些发现仅仅是碰触到了些许皮毛。该领域的专家写道，问题的答案毫无疑问地存在于飞行员的训练方式上。

美国人倾向于关注个体而非团体，热衷于了解谁赢得了拼字比赛，而不是三年级中哪个班级是全校最好的；热衷于了解谁赢得了罗德奖学金，而不是哪所学校在同类别学校中名列前茅。在飞行训练中，这种个人主义取向得到了加强。从一开始训练目标便是单飞而不是与其他机组成员一同协作。后来即便是在多乘员飞机上，飞行检查倾向于面向个人而非整个机组成员。个人能力是飞行的必要条件。诸如此类的态度短期内是不可能大幅改变的。人们对 CRM 重要性的认可稍微有些晚，但在认可之后的训练中，人们也确实开始关注于改善训练人员的行为与团队协作技术。苏佛洛、萨拉斯与译维尔给出了待训的 CRM 技能列表，如表 15.1 所列。

表 15.1　CRM 技能

| 通　信 | 简　介 | 所针对的运作项目 |
| --- | --- | --- |
| 沟通性能监控 | 团队领导力 | 做出决策 |
| 任务相关的自信 | 团队适应能力 | 态势感知共享 |

> **小知识**：罗德奖学金是世界上竞争最激烈的奖学金之一，有"全球本科生的诺贝尔奖"之称，得奖者被称为"罗德学者"。该奖学金由英国人罗德在 1902 年创设，资助世界各地优秀青年前往牛津大学深造，资金额为每学年 3 万~5 万英镑，其目的是让世界各地不同文化的年轻人在一个社群中共同生活，相互学习并增进理解。2015 年罗德奖学金面向中国大陆开放。

在航空医学人员与专家学者前期工作的基础上，在吸取航空公司相关经验的基础上，今天的海军与海军陆战队已完全专注于 CRM 的运用，而且确定的是，当前已有一部海军作战部长指令是关于 CRM 应用的。根据该项指令，CRM 的目的是"为了整合整个海军与海军陆战队飞行训练中明确定义了的那些动作技能，以及在适当的情况下将这些动作技能的有效应用纳入航空作战规程当中。CRM 将增加任务的有效性，最小化机组成员犯那些可避免错误的概率，最大化机组人员的协作效率，最优化风险管理，提高识别错误与从错误中恢复的能力，减少因 CRM 不良而造成的事故次数。"

另一种理解 CRM 的方式是将 CRM 看作是为减少人与人或人与设备之间的协作失调而进行的"人机综合"。海军航空界 CRM 项目的体系框架是基于海军作战部长指令制定的，并受司令长官的集中控制。尽管如此，在海军安全中心的建议下，海军航空兵司令部（CNAF）各飞行单位都被授予了针对特定机型与特定任务而自由调整各自所属 CRM 项目的权利（各单位的 CRM 项目由一名训练有素的 CRM 课程模式管理员负责运营），这与海军航空兵被划分为多个独立的业务团体这一现状是相符合的，这种划分与更上一级的海军与海军陆战队也是相似的。在各自独立的圈子里采用适合自己的 CRM 具有重要意义，就更不用说对单项任务要求所带来的意义了。

CRM 最初应用于事故调查，但很快人们就发现，如果在出现事故之前应用 CRM 的话，能够带来巨大的收益，因此形成了在每次开飞前与每次飞行后对 CRM 进行简要讲评的惯例。在这一惯例形成后不久，CRM 就应用在了维修、飞行甲板作业等飞行保障工作中。如今，CRM 是每项维修规程与开飞前检查列表中的一部分，也是任务、集结与回收的一部分。CRM 现在被定义为"通过增加性能来保障任务完成"，CRM 共包括 7 项技能，在系列管理指令中列出了这 7 项技能并对此进行了讨论。所有人都接受了定期 CRM 培训，参加培训的记录保存在独立的 NATOPS 文件夹中。这 7 项技能分别是：

- 任务分析；
- 自信心；
- 决策；
- 通信；
- 领导力；
- 适应性/灵活性；
- 态势感知。

对 CRM 的持续性训练与应用使得海军航空的安全性有了很大提升。在与作战风险管理一同使用时，CRM 的效果会更好。

ORM 是一种处理风险事项的程序，所处理事项中包括危险性评估、风险决策和实施有效风险控制。ORM 的基础理念：一是所有人都有使用 ORM 的责任；二是尽管风险是所有作战任务所固有的，但风险是可控的。有的人可能会说生活本身就是一场冒险，但对于任务执行而言，海军航空兵可能不得不面对更多的风险，但不必要的风险不应包括在内。ORM 是研究如何将安全性、作战、任务完成作为一个整体进行管理，以达到在顺利完成任务的同时避免不必要风险，以及当风险难以避免时将风险控制在可接受范围内的组织活动。

有人可能会说，这样的理念是一种常识。然而，常识并不总是盛行。回顾一下 20 世纪 50 年代那可怕的事故率以及导致绝大多数事故发生的那些不合常理的风险吧。大多数海军航空界的领导都知道这些不必要的风险太过频繁了，因此他们树立了适当的范例或是制定严格遵守的纪律来应对这些风险。但除了最严重的风险，以及所冒风险不以人的意志为转移且以糟糕的结果出现外，海军没有辨识其他风险的标准方法以便最小化风险后果。一段时间以来，关于"得到授权便可以一试"类型的风险描述存在于政策与策略的偏僻角落中，存在于技术与规程中，也存在于与特殊能力相关的业界传说中。在 ORM 出现之前，并没有一项从整体上认识风险与降低风险的综合工作。如今人们已经认识到，利用 ORM 可以实实在在地避免风险，当有作战需求时可降低风险并可使得风险可控。然而 ORM 需要全体人员的参与，当计划一项作战行动时，任何人都有义务就他们所关心的问题发表意见。

对于那些在"领导总是正确"的理念下成长起来的人们而言，全体人员皆可参与的 ORM 是很难让人接受的。但海军、海军陆战队与海岸警卫队以极大的热情采纳了 ORM，越来越低的事故率反映了这一点。这项工作的本质体现在海军后续开展的以下工作策略上。

- 只有当收益大于成本时才会接受风险。
- 不接受不必要的风险。
- 预测风险，并通过计划管理风险。
- 将风险决策保持在正确的水平上。

认识风险并管理风险是 ORM 的全部内容。美国海岸警卫队的海军中将约翰·P. 柯里尔在期刊 *Proceeding* 上写道："具备认识风险、降低风险的能力是任务成功的关键因素，也是真正专业化的标志。"如果海军中将柯里尔与其他人可以被信任且大多数该领域的专家都同意的话，那么要想认识风险，就必须了解风险的根源。根源可能有很多，但研究这一现象的学者通常会列出以下 10 条：

- 变化。某些情况下这被称为"风险之母"，因为有太多的风险来自于变化——例如，在最后一分钟改变目的地或目标，这通常需要在有限的时间约束下进行紧急规划。
- 资源约束。"仪表坏了，没有备件可用，没关系的，我也不需要那块仪表，因为这是 VFR（目视飞行规则）。"
- 新型技术。"虽然我们还没有手册，但我能搞定它。"
- 复杂性。"维修后的飞行检查，之后是低空导航飞行，再之后是夜间陆上模拟航空母舰着舰训练（FCLP）——完成这些我连汗都不会出。"
- 压力。"可恶，我只睡了 4 小时。老婆想让我在 2 点时去接孩子们，而我需要利用这次短途飞行进行练习以应对明天的 NATOPS 考核。"

- 人性。"他算哪根葱？凭什么告诉我该做什么，该怎么做？"
- 精力旺盛。"两天的短途飞行，加上一晚上的低空飞行？小菜一碟。"
- 业内风气约束。"我得了咽鼓管阻塞，但我今晚不能拒绝飞行。因为如果我拒绝的话，他们会叫我软骨头。"
- 业内环境影响。"我不需要得到仪表的许可。如果我回来时它不允许我降落，那我就执行标准的自行下降着陆。"
- 作战节奏。"一天两次短途飞行，且持续两周？让我们努力完成吧！"

ORM 的设计目标如果不是消除风险根源的话，至少也是为了减弱这些风险诱因。学术上对于 ORM 与传统方法的比较如表 15.2 所列。

表 15.2  新、旧两种方法的比较

| ORM | 传 统 方 法 |
| --- | --- |
| 系统化 | 基于个体，具有随机性 |
| 主动式 | 被动反应式 |
| 整合所有类型的风险 | 出事后才考虑安全性 |
| 具有通用的流程与术语 | 没有任何标准 |
| 会对比决策的风险与收益 | 面对风险只会大呼"我能行" |

基于以上描述，人们针对 ORM 在舰队中的实施应用开发了一套行之有效的方法，并针对此方法在舰队中展开了训练。这套方法中形成的概念、定义、术语与原则成为了整个海军、海军陆战队与海岸警卫队一直以来持续实施的 ORM 的框架。一旦 ORM 被人们引入、理解与接受之后，ORM 就几乎成为了第二天性，其流程应用对整个海军航空兵事故避免能力的提升产生了极大影响。"流程"是

一个关键性词汇,因为流程就是 ORM 的全部。ORM 是一种系统化的决策过程,它不是一项计划。关于这一点再怎么强调也不为过。这一过程分 3 个层次,分别体现了 4 项原则,并通过 5 个迭代步骤加以实现,如图 15.1 所示。

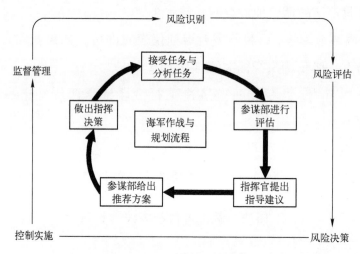

图 15.1　ORM 流程模型

(资料来源:海军安全中心)

图 15.1 闭环回路中的 5 个步骤是整个 ORM 流程的关键。如今在实践中的每次简报,不论是飞行方面、重大维修方面,还是飞行甲板的重要改进方法,都会有一部分内容是关于 ORM 的,其中就包含了这 5 个步骤。如果运用得当,一个部门练习得越多,获得的效果就越好,人们预计 ORM 会达到以下效果:

- 会增加任务成功的概率;
- 扩大作战效能;
- 提高整体决策能力;
- 为决策提供帮助;
- 显著降低损失。

人们所做的以上 5 点预计全部成为了现实。海军航空兵从未如此成功过，作战效率从未像现在这么高，也从未出现过如此低的事故记录。许多近期的改善之所以会出现，是因为部队范围内对 CRM 与 ORM 的实施运用，当然还有另一个原因：那就是文化。

许多海军飞行员都有这样一个观点——在休闲时间段以及在飞行准备室中，这是一个由来已久的话题，即海军航空兵的业内文化在某种程度上成为了无法消除事故发生的根源。"基地中的王牌飞行员"，以及"对特立独行者的崇拜"（就像电影《壮志凌云》里的汤姆·克鲁斯那样）造成了一些不良影响，特别对于较年轻的飞行员更是如此，因此有了越来越多的针对文化审查方面的工作准备。一些有责任心的指挥官在人为因素助手的帮助下最先开始了这方面的审查工作。之后在 1996 年 1 月 29 日，一架 F-14 雄猫战斗机在从纳什维尔国际机场离港时坠毁，飞机撞到了附近的居民区。机上人员全部遇难，且造成地面 3 人死亡，3 栋房屋被大火吞噬。这已是同一飞行中队在一年内的第 4 次重大事故了。此次事故影响恶劣，引起了公众的广泛关注，以至于海军作战部长弗兰克·B. 科尔索上将亲自下达命令，要求海军作战副部长（主管航空）采取措施。应部长要求，该名副部长在考虑多种途径后，转而向海军航空人为因素质量管理委员会（HF QMB）寻求帮助。

HF QMB 委员会被要求到 2000 财年时"将人为过失导致的飞行事故率减少 50%"，于是该委员会转而寻求美国空军国民警卫队（ANG）的帮助，ANG 运用"文化氛围营造"的方法使得其 A 类事故在近期降低了 50%。"文化氛围营造"可被作为快速了解组织机构内部文化的一种工具。在 ANG 的经验基础上，HF QMB 建议将"文化氛围营造"（CW）作为一种工具来帮助事故预防工作的改进，而航空局则要求采用这一工具。海军航空部队的司令官颁布了 CNAF 指令 5420.2，指令中声明，"经验表明，退化的组织文化通常会强化不正之风、不良习惯的发展，并最终导致或部分导致事故的发生。未能纠正潜在缺陷往往是因为不能发现问题，从而使得某些过失被疏漏掉了。CW 的前提是，安全是建立在信任、诚实与领导力的基础上的，需依靠有效的沟通才能建立并维护安全。"

> **小知识**：文化氛围营造（Culture Workshops），实际上就是大型组织机构处理人际关系的一种方法，类似于企业中的企业文化塑造。在业务分工越来越细的今天，各部门中的人员如果不能经常沟通，就会积累生成一些误会，误会越来越多，势必会影响到正常业务的开展。更重要的是，大型组织机构一般都有明显的目标，为了实现这个目标必须要将机构内所有人的思想统一到一起，所谓众志成城、万众一心。文化氛围营造就是起的这样一个作用。对比于我国海军航空兵，至少有3点与美国的"文化氛围营造"这一方法是相通的：一是宣传部门所做的各类宣传；二是各级组织内召开的民主生活会；三是场站、机务与飞行大队之间每隔一段固定时期就要组织召开的保障协调会。

一开始时"文化氛围营造"是由各单位自愿使用的，很快上级就强令要求使用，但那些认识到"文化氛围营造"价值的部队则热切地寻求使用这一方法。实施"文化氛围营造"的人员，通常会包括一名来自外界且训练有素的主持人，一名本地的海军飞行员，以及一名军士长。他们会与中队飞行员进行个别谈话，召开3次中队范围内的讨论会，之后再向指挥官询问一些问题。在这种坦诚相见且严格保密的会议中，许多相对强项与弱项呈现在了人们面前。尽管"文化氛围营造"看上去好像是一种相当简单的过程，然而它却给人带来了意想不到的回报。

相对而言，CRM、ORM与"文化氛围营造"在海军航空安全的发展历史上属于后起之秀。尽管其中所包含的一些原则可能在过去已经得到了人们默默地遵循，但通常都是零星的且只能由指挥官决定的。如果我们能够回到过去并重现那些事故的话，我们一定会发现很多机组资源管理与作战风险管理不良的案例，而且我们也肯定会找出海军文化方面存在的问题。此类事项极有可能在当时被归为"飞行员失误"或其他一些信口就来的原因。但如今海军航空界已将 CRM、ORM 与"文化氛围营造"作为一个重要概念加以使用，而且这些概念还得到了海军最高领导层的全力支持。因此，我们完全可以合理地期待，整个海军的事故率在未来日子里还会得到进一步的降低。

# 第 16 章

# 大功告成

概括与总结

美国海军航空兵的重大事故率从 1950 年的 1488 起减少到了 2000 年的 29 起，且在接下来的 15 年间每年的事故率平均都少于 20 次。这是一项了不起的成就。更重要的是，因海军航空事故死亡的人数从 1950 年的 227 人和 1954 年的 536 人，减少到了 2000 年的 46 人，且在 2014 年减少到 20 人。同一时期内部队的战斗力有了极大的提高。在 5 次与对手的热战中，海军航空兵及其所属成员都发挥出了积极的作用。在长期的冷战与几次低强度的冲突，以及多次应急作战与人道主义作战行动中，无论是白天还是黑夜，也不管天气是否恶劣，海军航空兵及其所属成员在世界各地一直时刻保持着准备战斗的状态。同样重要的是，尽管如此，整个海军的事故率降低到了美国空军的水平，并接近于美国商业航空的低事故率水平。这真是了不起的壮举。这种表现仍在继续；尽管在这个争端纷扰的世界中作战节奏持续加快，但海军航空兵的表现仍得到了进一步改善。

这一成就的潜在原因已在之前的章节中介绍过了。下面将要列举的事项在过程中发挥了较为明显、较为重要的作用。海军航空兵在这一漫长的成功之旅中所吸取的经验教训，对其他一些大型且复杂的机构的安全工作也有很好的借鉴意义。

列举的第一项是海军安全中心的建立。事实上，海军安全中心表现得相当卓越，之后所建立的调查、分析、报告、培训与宣传项目也卓有成效。

然而，仅依靠海军安全中心本身是不够的。它带来了一位领悟力强且主动积极的负责人，即詹姆斯·H.弗拉特利，他为后续无数改进措施奠定了基础。通过他做出的各项努力，海军航空兵获益匪浅。他所取得的成就表明，任何机构，如果拥有知识丰富、具有奉献精神且高效的领导层，就一定能够在未来取得成功。

有时弗拉特利的成就掩盖了人事管理变革所具有的光芒。人事管理的变革采取3管齐下的措施：选择并安排表现最佳的人员到指挥岗位，加强安全教育培训，以及提高安全责任官的训练与执政地位。这些做法的结果是，最优秀的领导，即那些表现最佳、训练最好、受教育最优的领导，被安置到了作战飞行中队与飞行联队的最高领导岗位上。

领导层与安全意识的改善直接导致了RAG、NATOPS、海军航空维修计划，以及现代化的海军航空供应体系的建立。

与安全意识、领导能力的提高同样重要的另一项因素，是那些组成海军航空医学机构的大批专业人员，还包括航空军医的盟友，即人为因素分析专家。

海军从螺旋桨机向喷气式飞机的转型，新机型到舰队列装服役的速率变慢，都对事故率的改善产生了边际效应。很难下结论说斜角甲板的应用及其他飞机与航空母舰方面的改进也产生了这样的效应，更不用期待产生更多的效应了。这两项措施确实对作战效能的提升起到了作用，但当提及事故时，读者应记住的是海军航空兵中的在役机型中有很大一部分飞机是非喷气式飞机，且并不是所有的海军与海军陆战队飞机都配属于航空母舰舰载机。

类似的，海军与海军陆战队飞行员花费在模拟训练上的时间，其总和只占用了飞行时间的一小部分比例，尽管模拟器被证明对飞行训练的特定阶段非常有用。因此，应当认为在所有列举项目中模拟器训练时间对事故率的影响是最小的。

其他方面的因素也确实相当重要，例如系统安全、飞机设计与机上设备系统的改善，以及从航空界大型组织机构的进展中学到的改进措施等。但一般情况下，这些方面的影响是逐步体现且是相当微妙的，并不会产生戏剧性的巨变。尽管如此，即便不能促进，也应继续密切关注其他机构在安全方面的进展情况。

最近，CRM、ORM 与"文化氛围营造"为海军航空兵的安全性与战备完好性贡献了相当大的作用。对于如今的指挥官与安全责任官而言，这 3 个项目是他们执行领导工作工具箱中很有价值的工具。由于都是相对较新型的项目，因此在那些较早期项目取得的成就当中，这 3 个项目并未发挥重要作用，但在未来，CRM、ORM 与"文化氛围营造"会发挥出应有的价值。

在所有的这些事件与改变当中，不管哪项事件、哪项改变的影响力最大，它们对于战备完好性的提高、对于所挽救的生命与飞机的总数都是令人印象深刻的。不再有舰队司令哀叹"事故会一直跟随着我们"了。在葬礼与追悼会上演奏的"海军赞美诗"，不再成为海军飞行员们最熟悉的歌曲。事故也不再在海洋与陆上随处可见。

这些巨大成就是由一连串具有奉献精神的人，在各种不同目标的激励下共同完成的。今天，他们当中只有很少一部分被世人所铭记。其中部分人员的姓名在前文中有所介绍，还有部分应当被介绍的人员本书并未提及，但他们中的很多人也做出了贡献。在这些人的共同努力之下，今天的海军航空兵比历史上任何时期都更安全，其作战能力与战备完好性并未因此而受到丝毫减损。

更重要的是，尽管海军在世界范围内都保持着较高的任务节奏，但事实证明当前海军航空兵的领导层具有相当的能力，能够推动海军航空兵的战备完好性与安全性得到进一步地提高。海军航空兵有个很好的领导层。

天空之锚，起航！

# 后　　记

　　本书是作者为履行史密森尼航空航天博物馆的拉姆齐研究员2009—2010年度的任务编著的。作者将本书由学术性的报告变成了一本叙事性著作。

　　撰写本书的本意是为了分析整个海军（海军与海军陆战队）1950—2000年间的重大事故率，目的是为了探寻哪些具体措施使得事故统计表中的数据得到了持续改善。这些数据不但为我们提供了一个更加清晰准确的历史，同时也为我们将来采取哪些举措最有可能取得最大收益提供了依据。研究过程中采用了回归分析法，其中将事故数据作为因变量，将作战策略与材料改进等方面的具体变化作为自变量。

　　为了尽可能准确地确定各个因变量元素，研究需要使用一些有限的历史事故数据。然而，除去一些例外情况，所寻求的事故数据显然是不存在的。虽然如此，还是能找到一些零零碎碎的数据并将其充分利用。例如，20世纪50年代时有那么几年，海军作战副部长（主管航空）的参谋人员对事故数据进行了编撰并每半年发布一次。史密森尼航空航天博物馆的图书管理员从联邦航空局（FAA）图书馆中发现了一捆即将要被丢弃的海军安全中心刊物《每周摘记》，这些期刊被丢弃的原因是因为FAA图书馆要被解散了。另外，还有一些事故数据是从过期期刊《海军航空兵新闻》中提取出来的。此外，特定场合下飞机事故委员会的调查也在法律允许范围内得到了充分利用。即便如此，无论是这些数据的总和，还是任意单个数据集，都只能提供单独无关联的孤立信息。要想实现这项工作的最初目标仍需要使用那些丢失的数据。

　　为了核实书中的事实与观点，确保作者本人的观察清晰明确，在涉及的每个专业领域，我都聘请了至少一位专家，对相关内容进行了审查。有些提供帮助的专家姓名列在了脚注中，下面会列出一些之前未列出的专家姓名，在此我向他们表示衷心的感谢。

最后要特别感谢多米尼克·皮萨诺先生，他是史密森尼航空航天博物馆的顾问与历史学家，也是我的拉姆齐研究员同事；还要感谢该馆的图书管理员菲利普·爱德华先生；前任拉姆齐研究员，我的顾问兼朋友海军中将杰拉尔德·米勒（已故）；历史学家与作家托马斯·C.霍恩博士；美国海军学院的弗雷德·雷恩博先生。

下面列出了对本书提供特殊帮助的朋友与顾问，他们都是各自领域的专家，分别对本书特定章节提供了帮助。

第10章：海军陆战队的瓦尔特·达利奇中校。

第12章：海军潜艇部队的爱德华·斯特劳中将（已退休）与拉里·拉夫利上校（已故）。

第13章：道格拉斯飞机公司原副总裁与工程师罗杰·肖费勒先生（已故）。

第14章：位于佛罗里达州奥兰多市的原海军航空系统司令部训练系统局高级行政官亨利·冈拉斯基先生（已退休）。

第15章：海军上校詹姆斯·斯基普·利德（已退休）。

另外，盖伊·阿西诺先生与卡罗尔·安·邓恩女士也为本书提供了极大帮助。前者为本书第3章、第13章与附录6提供了图表，后者为本书编排了参考文献与术语表。

最后，如果没有以下机构与人员的鼓励与支持，本书也不会得到刊印出版，他们是：海军历史研究基金会，特别要感谢基金会的主席海军上将布鲁斯·迪马尔斯（已退休）；董事会成员海军中将威廉·J.霍兰德（已退休），海军中将里查德·C.根茨（已退休）；常务董事海军上校查尔斯·T.克里克曼（已退休）。我非常感谢他们的帮助，并在此表达对基金董事会的感谢之情。

# 附 录 1

# 海军陆战队航空兵

海军陆战队与他们的海军兄弟一样,日常部署通常都是在舰艇上,他们与海军航空兵驾驶同样型号的飞机,也同样面临着海军航空兵的那些问题。事实上,海军与海军陆战队的各飞行中队通常都是可互换的,尽管海军航空兵应对的是海上战争、向海洋投送作战兵力,而海军陆战队更多的是关注于为海岸部队提供支援,但海军与海军陆战队都会针对远海与近岸两个方向的任务展开训练。

随着越南战争升温,海军陆战队倾向于从航空母舰上向岸基部署,但仍有一小部分中队部署在海上。例如,VMF-212 中队在战争初期部署于"奥里斯坎尼"号航空母舰上,所驾机型为 F-8 十字军战士战斗机;VMFA-333 中队部署于"美国"号航空母舰上,所驾机型为 F-4 鬼怪式战斗机;VMA-224 中队部署于"珊瑚海"号航空母舰上,所驾机型为 A-6 入侵者攻击机。然而,大部分中队在越战期间都是从岸基起飞的。越战期间,仍有两支海军陆战队的 A-4 攻击机中队部署于地中海。

**小知识**:VMF-212,"地狱猎犬"战斗机中队,1942 年 3 月 1 日成立于夏威夷埃娃海军陆战队航空基地,装备有 F4F 野猫战斗机。二战时先是部署在南太平洋的新喀里多尼亚岛,后来转移到埃法特岛角落山机场。之后其部署地随战场形势不断变化,并于 1945 年 6 月部署到冲绳,直到二战结束。二战期间该中队共击落 132 架敌机。朝鲜战争爆发时,该中队第一个被送到朝鲜战场。1950年中队改名为"魔鬼猫"并搬到莲浦机场。1951年回到美国巴丹并装备AD-1攻击机。1965年中队改称为"枪骑兵",并部署到了"奥里斯坎尼"号航空母舰上,成为第一个部署到航空母舰上的海军陆战喷气飞行中队,并开始参与越南战争。目前的称号为VMFA-212枪骑兵中队,驻扎在日本岩国海军陆战队航空基地,隶属于海军第一飞行联队第12航空大队,机尾代码为WD,所飞机型为F/A-18C战斗机。

**小知识**:VM-333,"沙姆洛克"中队,原名VMSB-333侦查轰炸机中队,1943年8月成立,1944年7月派驻于中途岛执行反潜作战,装备SBD"无畏"俯冲轰炸机。1958年VMF-333随"弗莱斯特"号航空母舰部署到地中海。1966年更名为VMFA-333战斗攻击机中队,1972年换装F-4鬼怪式战斗机并随"美国"号CVA-66航空母舰参加越战。1992年3月该中队解散。

越战结束后,海军陆战队倾向于不再需要A-7海盗Ⅱ攻击机,而是转而寻求鹞式战斗机。海军陆战队从未采用过H-60黑鹰直升机,海军也还未获取V-22鱼鹰倾转旋翼机。海军陆战队、海军与海岸警卫队仍是按同一套飞行训练方法进行训练,仍遵循着类似的安全计划与维修理念,也都参与了NATOPS与RAG体系。

海军陆战队继续与海军一道走向深蓝,海军的飞行中队在某些场合下与海军陆战队一起部署在海岸边上。海军陆战队的攻击战斗机飞行中队仍维持着他们从航空母舰上执行作战任务的能力与资质,且仍定期部署在所属航空母舰上。海军陆战队的AV-8鹞式战斗机、V-22鱼鹰倾转旋翼机,以及海军陆战队的直升机仍定期奔赴远海执行任务,且正常情况下仍搭载于两栖战舰。

# 附录 2

# 海军安全中心年度重大事故统计表

表 A2.1 海军航空兵重大事故统计表

| | | 重大事故 | | 飞机损毁的事故 | | 致命事故 | | 死亡事故 | | |
|---|---|---|---|---|---|---|---|---|---|---|
| | 飞行小时数 | 事故数量 | 事故率* | 事故数量 | 事故率* | 事故数量 | 事故率* | 事故数量 | 事故率* | 损失成本/美元 |
| 7月1日—6月30日 | | | | | | | | | | |
| 1950 | 2770408 | 1488 | 53.71 | 481 | 17.36 | 137 | 4.95 | 227 | 8.19 | — |
| 1951 | 3172111 | 1714 | 54.03 | 675 | 21.28 | 185 | 5.83 | 391 | 12.33 | — |
| 1952 | 3767765 | 2066 | 54.83 | 708 | 18.79 | 224 | 5.95 | 399 | 10.59 | — |
| 1953 | 4351768 | 2229 | 51.22 | 714 | 16.41 | 238 | 5.47 | 402 | 9.24 | — |
| 1954 | 4378468 | 2213 | 50.54 | 776 | 17.72 | 263 | 6.01 | 536 | 12.24 | 215941667 |
| 1955 | 4352496 | 1662 | 38.18 | 611 | 14.04 | 225 | 5.17 | 366 | 8.41 | 224009174 |
| 1956 | 4348865 | 1456 | 33.48 | 574 | 13.20 | 242 | 5.56 | 406 | 9.34 | 226654473 |
| 1957 | 4251109 | 1298 | 30.53 | 613 | 14.42 | 243 | 5.72 | 358 | 8.42 | 292429185 |
| 1958 | 3901150 | 1106 | 28.35 | 524 | 13.43 | 195 | 5 | 387 | 9.92 | 327855150 |
| 1959 | 3491481 | 896 | 25.66 | 461 | 13.20 | 176 | 5.04 | 309 | 8.85 | 310511478 |
| 1960 | 3387560 | 655 | 19.34 | 360 | 10.63 | 155 | 4.58 | 268 | 7.91 | 266441050 |
| 1961 | 3512603 | 603 | 17.17 | 336 | 9.57 | 146 | 4.16 | 279 | 7.94 | 287767506 |

续表

|  | 飞行小时数 | 重大事故 | | 飞机损毁的事故 | | 致命事故 | | 死亡事故 | | 损失成本/美元 |
|---|---|---|---|---|---|---|---|---|---|---|
|  |  | 事故数量 | 事故率* | 事故数量 | 事故率* | 事故数量 | 事故率* | 事故数量 | 事故率* |  |
| 7月1日—6月30日 | | | | | | | | | | |
| 1962 | 3710782 | 576 | 15.52 | 329 | 8.87 | 132 | 3.56 | 264 | 7.11 | 282929550 |
| 1963 | 3528760 | 513 | 14.54 | 277 | 7.85 | 109 | 3.09 | 216 | 6.12 | 280688030 |
| 1964 | 3702920 | 506 | 13.66 | 290 | 7.83 | 118 | 3.19 | 197 | 5.32 | 321268590 |
| 1965 | 3653734 | 457 | 12.51 | 287 | 7.85 | 105 | 2.87 | 226 | 6.19 | 350962720 |
| 1966 | 3739856 | 476 | 12.73 | 296 | 7.91 | 105 | 2.81 | 232 | 6.20 | 384267230 |
| 1967 | 3723203 | 508 | 13.64 | 313 | 8.41 | 133 | 3.57 | 357 | 9.59 | 398934000 |
| 1968 | 3626458 | 513 | 14.15 | 335 | 9.24 | 130 | 3.58 | 427 | 11.77 | 470413000 |
| 1969 | 3756984 | 530 | 14.11 | 356 | 9.48 | 136 | 3.62 | 290 | 7.72 | 509597190 |
| 7月—12月 | | | | | | | | | | |
| 1969 | 1636526 | 216 | 13.20 | 158 | 9.65 | 64 | 3.91 | 160 | 9.78 | 216022000 |
| 1月1日—12月31日 | | | | | | | | | | |
| 1970 | 2978433 | 402 | 13.50 | 264 | 8.86 | 105 | 3.53 | 231 | 7.76 | 446608000 |
| 1971 | 2790773 | 258 | 9.24 | 180 | 6.45 | 64 | 2.29 | 117 | 4.19 | 335424000 |
| 1972 | 2662829 | 252 | 9.46 | 170 | 6.38 | 67 | 2.52 | 129 | 4.84 | 355884000 |
| 1973 | 2371502 | 206 | 8.69 | 144 | 6.07 | 50 | 2.11 | 122 | 5.14 | 328430000 |
| 1974 | 2151535 | 147 | 6.83 | 106 | 4.93 | 43 | 2.00 | 81 | 3.76 | 220450000 |
| 1975 | 2141506 | 137 | 6.40 | 94 | 4.39 | 34 | 1.59 | 67 | 3.13 | 264571000 |
| 1976 | 1974772 | 128 | 6.48 | 88 | 4.46 | 36 | 1.82 | 73 | 3.70 | 263675000 |
| 1977 | 1981328 | 107 | 5.40 | 104 | 5.25 | 41 | 2.07 | 119 | 6.01 | 321952270 |
| 1978 | 1948671 | 109 | 5.59 | 102 | 5.23 | 51 | 2.62 | 129 | 6.62 | 418461293 |

续表

| | 飞行小时数 | 重大事故 | | 飞机损毁的事故 | | 致命事故 | | 死亡事故 | | 损失成本/美元 |
|---|---|---|---|---|---|---|---|---|---|---|
| | | 事故数量 | 事故率* | 事故数量 | 事故率* | 事故数量 | 事故率* | 事故数量 | 事故率* | |
| 1月1日—12月31日 | | | | | | | | | | |
| 1979 | 1911859 | 103 | 5.39 | 95 | 4.97 | 41 | 2.14 | 79 | 4.13 | 311350936 |
| 1980 | 1936360 | 115 | 5.94 | 112 | 5.78 | 43 | 2.22 | 91 | 4.70 | 392868569 |
| 1981 | 1966464 | 95 | 4.83 | 87 | 4.42 | 40 | 2.03 | 83 | 4.22 | 394687158 |
| 1982 | 2018752 | 90 | 4.46 | 83 | 4.41 | 40 | 1.98 | 74 | 3.67 | 339014989 |
| 1983 | 2004069 | 87 | 4.34 | 88 | 4.39 | 39 | 1.95 | 100 | 4.99 | 521954461 |
| 1984 | 2092525 | 69 | 3.30 | 70 | 3.35 | 32 | 1.53 | 79 | 3.78 | 330787600 |
| 1985 | 2136109 | 73 | 3.42 | 69 | 3.23 | 28 | 1.31 | 82 | 3.84 | 363283189 |
| 1986 | 2145698 | 75 | 3.50 | 74 | 3.45 | 29 | 1.35 | 73 | 3.40 | 517919169 |
| 1987 | 2236553 | 69 | 3.09 | 68 | 3.04 | 25 | 1.12 | 65 | 2.91 | 673475807 |
| 1988 | 2218055 | 51 | 2.30 | 49 | 2.21 | 24 | 1.08 | 51 | 2.30 | 521041248 |
| 1989 | 2270479 | 51 | 2.25 | 51 | 2.25 | 25 | 1.10 | 93 | 4.10 | 558392168 |
| 1990 | 2119915 | 66 | 3.11 | 64 | 3.02 | 20 | 0.94 | 39 | 1.84 | 714126220 |
| 1991 | 2145049 | 60 | 2.80 | 63 | 2.94 | 24 | 1.12 | 77 | 3.59 | 787472099 |
| 1992 | 1853721 | 55 | 2.97 | 52 | 2.81 | 32 | 1.73 | 70 | 3.78 | 851360478 |
| 1993 | 1745376 | 53 | 3.04 | 53 | 3.04 | 23 | 1.32 | 54 | 3.09 | 871552883 |
| 1994 | 1572441 | 28 | 1.78 | 28 | 1.78 | 9 | 0.57 | 13 | 0.83 | 508085106 |
| 1995 | 1569329 | 34 | 2.17 | 30 | 1.91 | 13 | 0.83 | 17 | 1.08 | 663357025 |
| 1996 | 1650026 | 36 | 2.18 | 39 | 2.36 | 16 | 0.97 | 46 | 2.79 | |
| 1997 | 1523507 | 27 | 1.77 | 25 | 1.64 | 13 | 0.85 | 30 | 1.97 | |

续表

| | 飞行小时数 | 重大事故 | | 飞机损毁的事故 | | 致命事故 | | 死亡事故 | | 损失成本/美元 |
|---|---|---|---|---|---|---|---|---|---|---|
| | | 事故数量 | 事故率* | 事故数量 | 事故率* | 事故数量 | 事故率* | 事故数量 | 事故率* | |
| 1月1日—12月31日 | | | | | | | | | | |
| 1998 | 1518109 | 36 | 2.37 | 34 | 2.24 | 16 | 1.05 | 48 | 3.16 | — |
| 1999 | 1514603 | 22 | 1.45 | 23 | 1.52 | 5 | 0.33 | 9 | 0.59 | — |
| 2000 | 1460082 | 29 | 1.99 | 24 | 1.64 | 11 | 0.75 | 46 | 3.15 | — |

注：*表示每10万飞行小时数。

# 附录 3

# 海军与海军陆战队事故报告分类

1956 年 5 月 20 日颁布的 OPNAV 指令 3750.6B "海军飞机失事、飞行事故以及迫降报告流程"中定义了飞机损毁与损伤的等级，如下所示：

A：暴力性损毁（或失事）。

B：对飞机造成重大损坏需进行大修。

C：对飞机造成严重损害但不需要大修。

D：轻微性损坏。

人员损伤等级有：

A 类：致命性损伤。

B 类：重症损伤。

C 类：严重损伤。

D 类：轻伤。

E 类：无损伤。

L 类：不明原因的损伤，死亡与溺亡。

M 类：不明原因的损伤，失踪。

之后，时间大约是在 1980 年，人们又对 3750.6 进行了修订，将财产损失成本纳入其中，并将飞机损坏与人员损伤组合到了一起。对于飞行事故的修订总结罗列如下：

A 类严酷度：造成 100 万美元及以上的财产损失，或飞机完全报废，或发生了人员致命性损伤，或造成人员永久性的完全残疾的事故。

B 类严酷度：造成的财产损失在 20 万美元以上、100 万美元以下，或造成人员永久性部分残疾，或造成 5 人及以上住院治疗的事故。

C 类严酷度：造成的财产损失在 1 万美元以上、20 万美元以下，或造成人员损伤致其 5 个工作日不能上班的事故。

再后来，OPNAV 指令 3750.6 降低了对 B、C 类严酷度损伤的容忍度。考虑到通货膨胀方面在原因，2009 年 10 月 1 日，对 OPNAV 指令 3750.6R 指令更新如下：

A 类严酷度：A 类事故是指造成国防部或非国防部财产损失、飞机或无人机损失的总价值超过 200 万美元，或是 1 架海军飞机损毁或失踪，或是因海军飞机或无人机的直接参与而导致任何国防部人员死亡或人员永久性完全残疾的事故。无人机的损失不超过 200 万美元则不被列为 A 类事故。

B 类严酷度：B 类事故是指造成国防部或非国防部财产损失、飞机或无人机损失的总价值超过 50 万美元但低于 200 万美元，或因此造成人员永久性部分残疾或至少 3 名及以上国防部人员住院的事故。

C 类严酷度：C 类事故是指对国防部或非国防部财产损失、飞机或无人机损失的总价值超过 5 万美元但低于 50 万美元，或是造成国防部人员损伤致其无法工作的时日累积达 1 日以上的事故。

对于《海军与海军陆战队事故与安全调查报告与记录手册》，OPNAV 指令 5120.1D 与海军陆战队命令 P5102.1B 中的定义是相同或相近的。

# 附录 4

# 面向飞行的海军安全中心出版物

**当前仍在刊发的出版物（截至 2013 年 8 月）：**

- 对海军航空安全进行回顾的 *Approach*（《途径》），月刊（自 1955 年起出版）。

- 描述重大飞行事故的 *Weekly Summary*（《每周摘要》），该刊的出版与邮寄业务一直持续至 20 世纪 90 年代，具体月份未知。目前该刊内容全部放在海军安全中心的网站上对外发布。

- *Crossfeed*（《互馈》），月刊，该刊分 2 部分出版：

*Cockpit Crossfeed*（《驾驶员座舱互馈》），主要面向指挥官与空勤人员；

*General Corssfeed*（《通用互馈》），主要面向维修管理人员与维修工作人员。

- *Mech*（《机械师》），季刊，主要面向现役维修工作人员及他们的监察人员（自 1961 年起出版）。

- *US. Navy/Marine Corps Aircraft Accident Statistical Summary*（《美国海军/海军陆战队飞机事故统计摘要》），半年刊，主要面向指挥官与高级军官。

- *Emergency Airborne Escape Summary*（《空中紧急逃生总结》），年刊。

- *Flight Deck Awareness*（《认识飞行甲板》），分为航空母舰版与

两栖版。

- 一些专题特刊，例如：《作战风险管理》与 OPNAV 指令 3750。

**之前刊发、现已停刊的出版物：**

- *Anymouse*（《阿尼鼠》），对接收到的"阿尼鼠"报告作定期总结。
- *Flight Surgeon's Newsletter*（《航空军医通讯》）。

# 附录 5

# 航空母舰主要变动

**SCB-27C：**
- C-11-1 蒸汽弹射器；45000lb，132n mile/h。
- Mark 7Mod 1 着舰拦阻装置；45000lb，140n mile/h。
- 船体各侧改置 5ft 的水箱[①]；新的舰宽为 103ft。
- 从机库甲板到飞行甲板之间用电梯连接。
- 四个飞行员准备室放到机库甲板[②]。
- 甲板边缘 3 号飞机升降台移至右舷；可起降 57000lb（约 25.25t）的舰载机。
- 小船与飞机起重机前移至 3 号飞机升降台。
- 在 2 个弹射器上增设尾焰偏转器。
- 增设核武器存储设施。
- 增加 2 个机库隔音弹道防火门。
- 喷气机式飞机燃油箱的装载量与加注。
- 移除舰岛前后的四门双联装 5in（127mm）火炮。

**SCB-125：**
- 斜角飞行甲板。
- 封闭式舰艏。

---

① 移除了船体所有侧面的装甲，改装水箱，以平衡舰体顶部重量。
② 该条变动与上一条变动相关联，正因为将飞行员准备室放到机库甲板，才需在机库甲板与飞行甲板间建立电梯以供飞行员使用。

- 基本飞行控制移至上方与后方。
- 拦阻栅与引擎。
- 镜面着舰系统。

**SCB-110：**

除应用于"中途岛"号与"富兰克林·D. 罗斯福"号航空母舰外，与 SCG-125 类似。

**SCB-110A：**

除应用于"珊瑚海"号航空母舰外，与 SCG-125 类似。

# 附录 6

# 直通甲板航空母舰典型着舰模式

图 A6.1 所示着舰模式中的程序需要极高的技巧才能完成,特别对于僚机驾驶员更是如此。因为飞行员的目光要在长机翼梢灯、自己所驾驶飞机、机上仪表、要着舰的航空母舰之间来回转换。只有在斜角甲板、光学着舰系统、雷达进场控制出现之后,具有更加平直下降方式的高级模式才在实际中变得更加可行,着舰也变得更加安全了。

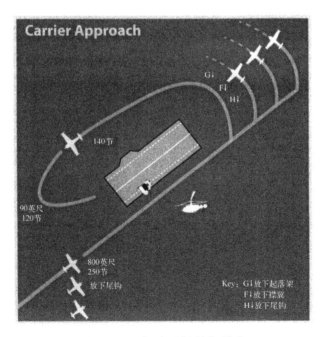

图 A6.1 直通甲板着舰模式

(资料来源:由 Guy Arceneaux 创建)

准备进入着舰模式时，飞机编队组成一个梯队飞行于航空母舰右侧，飞机放下尾钩，飞行高度下降至水面 300ft，与航空母舰航线平行，并调整飞行速度至 300n mile/h（螺旋桨机为 180n mile/h）。一旦越过航空母舰（或编队中任何一架飞机都能与前机留有时间间隔时），长机脱离编队，即长机做一个急剧且高度略微下降的左转弯。其余飞机继续沿航空母舰航线飞行，每隔 40 秒间隔僚机按次序做相同的左转弯动作。

当飞机向左急转时，飞行员将飞行高度逐步下降至 125ft，放下起落架与襟翼，飞行速度降至 125n mile/h，飞行方向与航空母舰航线相对。

当飞机到达航空母舰舰岛正横位置时，飞行员开始缓慢下降并左转至与航空母舰同航向，用当时的术语来讲是"Fox corpen"（福克斯航向），与此同时慢慢将速度调整至所驾飞机的最佳空速，其目标是（左转至半程时）处于 90°方位，且距水面 90ft。

飞行员驾驶飞机持续转弯，并将飞行高度稍微降低，在转弯至与航空母舰航向约 45°时，飞行员会努力去寻找航空母舰上的 LSO。一旦发现 LSO，飞行员就必须关注 LSO 的信号，同时还要继续仔细、准确地驾驶飞机飞行。当接近飞行甲板末端时，如果从 LSO 的角度看一切良好的话，那么 LSO 就会发出"cut"信号。此时，飞行员要快速将油门减至空转，稍微降低下机头，之后发信号着舰。

如果尾钩勾住了拦阻索，那么一切顺利，飞行员会收到甲板工作人员的信号，并按信号指示将飞机滑行出拦阻装置之外。如果因某些原因未能勾住拦阻索，飞机会被位于拦阻索前面、在舰体正横方向上竖立的阻拦栅所止住。使用阻拦栅几乎总是会让飞机遭受某些损伤，但飞行员通常都不会受伤，也不会伤到附近的飞机与飞行甲板上的工作人员。

# 大事年表

该年表中所列事件依据各种不同来源的材料整理汇编而成,并尽可能地与《埃万斯与格罗斯尼克》第 1 卷进行了反复核对。

## 1943 年

1 月 1 日,昆锡点海军航空站的 PBY 卡特琳娜水上飞机首次紧急使用了地面控制进场设备。

8 月 4 日,海军航空兵中级训练部长下令,各训练中心在他的指挥下成立航空安全委员会。

8 月 18 日,海军部长下令设立主管航空的海军作战副部长(DCNO(Air))一职,职责为负责所有海军航空人员及其训练业务。

11 月 8 日,CNO 下令在所有初级司令部与作战司令部中设立航空安全委员会。

## 1944 年

2 月 3 日,海军作战副部长(主管航空)与航空局局长联合发布了飞行安全 1 号公告,双方在公告中共同声明了他们的目标是要连续发布顺序编号的、涉及海军飞机安全作战业务的公告。这些公告成为了海军与海军陆战队航空兵安全类期刊 *Approach* 的先驱。

6 月 5 日,海军作战副部长(主管航空)下令在各司令部都要建立航空安全委员会,并下令在飞行中队都要派设一名飞行安全官。

7 月 14 日,海军作战副部长(主管航空)与航空局局长联合成立了飞行安全理事会,职责为计划、协调并实施飞行安全项目。

9 月 6 日,海军作战副部长(主管航空)办公室成立了一个飞行安全分部,职责为指导与监督飞行安全项目。

12月1日，费城海军飞机制造厂开始研制开槽汽缸弹射器。后来此项研发与英国研发的蒸汽弹射器相结合，且在后来被美国海军采用。

## 1945 年

夏季，VR-31 中队的安全指挥官格威·A. 霍尔少校创作出了漫画形象"阿尼鼠"。

12月5日，从劳德代尔堡起飞的 5 架 TBM 复仇者与一架 PBM 水上飞机在水上导航飞行时失事，共 27 名人员牺牲。

## 1946 年

3月7日，CNO 下令采用 GCA（地面控制进场）作为海军的标准仪表着陆系统。

8月15日，仪表飞行标准委员会在 CNO 的指令下成立，职责是制定出提高飞行员仪表飞行熟练程度的方法。

10月1日，在彭萨卡拉海军航空站成立了海军航空医学院。

## 1947 年

6月4日，CNO 批准 SCB-27A 方案，该方案是为了满足喷气式飞机作战的需求。

## 1948 年

6月4日，组织成立了首个航空兵委员会，目的是维持作战部队与策划机构之间的紧密联系。委员会的主要成员有海军作战副部长（主管航空）、航空局局长、大西洋舰队航空司令部、太平洋舰队航空司令部。

6月29日，启动塔康系统的研发工作。

## 1949 年

4月，空中加油有限公司展示了探头锥管空中加油的可行性。

4月23日，美国军舰"美国"号航空母舰停止建造。

## 1950年

6月25日，朝鲜战争爆发。

7月3日，美国军舰"福吉谷"号航空母舰与英国皇家海军舰艇"凯旋"号航空母舰发起了针对联合国军的首次空中支援。海军的F9F-2黑豹舰载机首次在空战中击落2架YAK-9飞机。

7月，带有蒸汽弹射器的英国皇家海军舰艇"帕尔修斯"号轻型航空母舰进行首次海试。

10月28日，海军作战部长下令在各个航空站、飞行大队、飞行中队都建立一个永久性的仪表飞行委员会。所有Group I 级的海军飞行员自该日起须在18个月内取得并保持一个合法的仪表飞行等级。

## 1951年

8月9日，斜角甲板首先由位于英格兰贝德福德市的英国皇家飞机研究院率先提出。斜角甲板在英国皇家海军舰艇"凯旋"号航空母舰上测试后，又在美国军舰"中途岛"号航空母舰上进行了类似测试。两项测试都保留了原始的拦阻绳，但所用的斜角甲板是由油漆喷涂上去的。

10月，英国人路易斯·博丁顿正式提出申请斜角甲板项目。

11月，英国皇家飞机研究院提出目视着陆辅助设备（镜面助降系统）的试验。

11月2日，美国海军上校J. R. 帕奔，当时在位于约翰斯维尔市担任航空医学加速实验室（AMAL）的主任，成为首位驾驶载人离心机的人。

12月1日，海军航空飞行安全活动处成立。M. A. 彼得斯中校被任命为首任指挥官。

## 1952 年

2月，在英国皇家海军舰艇"凯旋"号航空母舰上喷绘了斜角甲板，并进行了试航。

2月，英国在英国皇家海军"帕尔修斯"号（又称"英仙座"号）上向美国海军展示了蒸汽弹射器。

2月1日，海军作战部长批准了27A项目的修改（SCB-27A）[①]，修改内容包括功能更强的阻拦装置，性能更高的弹射器，并将3号中轴线升降台改替于甲板边缘。

3月，在法恩伯勒建立了试验用的镜面着舰场[②]。

4月，使用AJ-1野人舰载核攻击机作为空中加油机，使用美洲狮与女妖舰载机作为受油机对探头锥管空中加油进行了测试。

4月28日，海军宣布，将在美国海军舰艇上使用由英国研发的蒸汽弹射器。

5月8日，太平洋舰队海军航空司令部建立了FAGU（舰队航空射击分队）。

5月26—29日，在"中途岛"号航空母舰的甲板上展示了斜角甲板的可行性。

6月17日，海军航空发展中心专注于航空医学加速实验室的建设。

11月19日，发布OPNAV指令3750.6"海军航空安全计划"。

9—12月，在"安提耶坦"号航空母舰上安装了斜角甲板。

## 1953 年

该年度，在法恩伯勒市研发出了尼龙型停机拦截网（又叫安全栅）。

1月12日，首次在"安提耶坦"号航空母舰上使用斜角甲板实施

---

[①] 修改后的编号为SCB-27C。
[②] 法恩伯勒是英国汉普郡东北部的一座城市，该市始建于撒克逊时期，全球主要航空展就位于该市的法恩伯勒机场。在某些文献中法恩伯勒也被译为范堡罗。——译者注。

了着舰。

1月12日，刊发"阿尼鼠"漫画安全宣传册。

3月，首批空军飞行员参加南加州大学的安全课程。

5月4日，海军作战部长下令在所有的福莱斯特级航空母舰上都安装斜角甲板。

7月17日，R4Q运输机从怀特菲尔德机场离港时坠毁，尽管造成了44人死亡，但调查报告仍将事故原因归类为"未能确定"。

9月2日，颁布中途岛级航空母舰的转换计划，即110项目（除了斜角甲板上的C-11弹射器外，其余部分与27C计划相同）。

9月3日，海军航空安全活动处主管官员向海军作战部长做出信件报告，从而发布了"弗拉特利"报告。

10月1日，"大黄蜂"号航空母舰完成向斜角甲板的转换。最后的9艘埃塞克斯级航空母舰根据27A计划进行转换。

10月，首批海军飞行员参加南加州大学航空安全课程。

11月19日，FAGU（舰队航空射击分队）向太平洋舰队与大西洋舰队开放，"这是对其越来越重视及将其标准化的一个步骤"。

12月，由英国设计的压力更高的C-11型（即Type C, Mark XI）蒸汽弹射器在位于费城的海军航空物资中心，将重达23670lb的固定负载加速到了156mile/h（这为"汉考克"号航空母舰在1954年5月接收首套舰载C-11型弹射器铺平了道路）。

## 1954年

5月27日，海军作战部长批准了125号项目（SCB-125），内容为安装斜角甲板，将开放式舰艏改装为封闭式舰艏①，以及其他早期27A计划中实施的改变。

---

① 封闭式舰艏的优势是提高了舰船抗风暴的能力，其舰艏外板一直延伸到了飞行甲板前端和侧面，从而提高了航空母舰的适航性与耐波性。——译者注

6月1日，在"汉考克"号航空母舰上首次实施蒸汽弹射起飞。海军中校亨利·J. 杰克逊在 C-11 型蒸汽弹射器的初始测试中，驾驶 S2F-1 反潜机从航空母舰上弹射起飞。在贯穿该月份的连续测试中，总共有 254 次弹射起飞，弹射试验机型包括 S2F、AD-5、F2H-3、F2H-4、FJ-2、F7U-3 与 F3D-2。

---

### 1955 年

3月22日，海军 VR-3 中队的 R6D 运输机在位于夏威夷火奴鲁鲁西北方向 15mile 处的瓦胡岛巴利基亚峰坠毁并发生爆炸，机上 57 名乘客与 9 名机组人员全部遇难。此次事件成为当时海军航空史上最严重的空难。

4月，海军航空安全活动处改组为海军航空安全中心。

4月4日，JTTU（喷气式飞机机型转换训练分队）在位于堪萨斯州的奥拉西海军航空站成立。

7月，*Approach* 创刊，该刊取代了之前的美国海军航空安全公告。

8月22日，首次成功在美国航空母舰上进行镜面着舰。VX-3 飞行中队开始对安装于"本宁顿"号航空母舰①上的镜面着舰系统进行作战评估。海军中校罗伯特·G. 多斯驾驶 FJ-3 狂怒战斗机利用该设备实施了首次镜面助降着舰。两天后，海军少校哈丁·C. 麦克奈特驾驶 F9F-8 美洲狮战斗机实施了首次夜间镜面助降着舰。该中队对镜面助降系统的好评报告为该系统在航空母舰及特定海岸航空站上的安装提供了基础性的决策依据。

9月12日，海军下令所有生产中的飞机都要安装配套设备以支持空中加油。

10月1日，"福雷斯特"号航空母舰服役。

11月9日，海军作战部长建议船舶管理局局长为每艘配备了斜角甲

---

① CV-20，埃塞克斯级航空母舰，1944 至 1970 年间服役。——译者注

板的航空母舰都配备镜面助降系统，并要求在 1956 财年、1957 财年采购 12 套安装设备。

## 1956 年

3 月 1 日，"埃塞克斯"号航空母舰完成向斜角甲板的转换，这是自"安提耶坦"号航空母舰以来第 8 艘完成斜角甲板改装的航空母舰。

4 月 6 日，"富兰克林·D. 罗斯福"号航空母舰完成 SCB-110 计划的改建，其中包括了斜角甲板。

4 月 25 日，海军作战部长宣布，所有的主要海军航空站都要安装镜面着陆助降系统，以改善空中交通管制，减少着陆事故的发生。

6 月 27—28 日，首年度舰队空中射击会议在埃尔森特罗海军航空站举行。

8 月 15 日，"大黄蜂"号航空母舰完成斜角甲板的改装工作。

10 月 11 日，由军事空运勤务部安排的、隶属于 VR-6 中队的一架 R6D 运输机在从英格兰的拉肯希斯飞往亚速尔群岛的拉杰斯岛时在大西洋上空失联，9 名机组成员和 50 名乘客失踪。

## 1957 年

2 月 1 日，美国海军陆战队的弗兰克·奥斯丁少校成为首位从试飞员学院毕业的海军航空军医。

4 月 13 日，飞行类军官的选拔分配权利从海军作战副部长（主管航空）转移到了 CNP（海军人事局长）。

4 月 30 日，海军航空医学中心在彭萨卡拉成立，该中心由海军航空医学院与彭萨卡拉海军医院合并而成。

8 月 12 日，F3D 空中骑士舰载机首次完成 ACLS（舰载机自动着舰系统）的着舰测试；在 8 月 12 日至 20 日之间共有超过 50 次此类着舰顺利完成。

8 月 28 日，零高度弹射座椅在帕塔克森特河市海军航空站向人们展示，英国皇家空军的悉尼·休斯上尉成功从一架速度为120mile/h、刚刚飞离地面的F9F-8T飞机中弹射出来。

## 1958年

3月10日，海军作战部长批准对舰载航空兵进行重组，其中特别包括了在两大海岸线各建立一支阶梯训练飞行队，负责"关键维修人员的培训，飞行人员的战术训练，以及负责组织实施新型战斗机教学训练所需的特别课程"。这次重组的首次下达命令时间是在1957年秋季，因此日期上明显有些落后了。卡格尔将这次重组描述为"通过建立阶梯训练飞行中队与飞行大队的方法，使得中队训练体系向现代化与合理化方向发展"。这一方面即是今天人们所熟知的"RAG方案"。

7月1日，CAA（民用航空局）与RATTC（海军雷达空中交通管制中心）的首个联合航空管制中心在米拉玛海军航空站开始运行。

8月23日，FAA（联邦航空局）成立。

## 1959年

2月5日，根据1958年国防改组法案，海军航空部助理部长一职被撤销。

5月26日，一项机务维修方案得到批准实施，该方案直接对拥有飞机监护权的单位提供职责分工，并逐步取消了FASRON（舰队机务保障中队）。

7月15日，OP-05的航空安全分部更改为编号为OP-05F的参谋部，其职责是担任海军作战副部长（主管航空）的首席顾问，负责处理所有飞行安全事务，并在整个海军内协调航空安全项目的规划与实施。

12月1日，海军航空局与海军兵器局合并为海军武器局。

## 1960年

2月25日，一架载有7名机组成员、19名海军军乐团成员、12名反潜战专家团队的 R6D 举重霸王运输机,与一架巴西的 DC-3 民航客机在里约热内卢的棒壮山相撞。此次事故中,R6D 飞机上除 3 名人员外所有人员全部牺牲,民航客机上所有 26 名人员全部遇难。此架民航客机共有 4 名机组成员和 22 名乘客。

3 月,一封关于安排使用航空安全指挥官的海军作战部长信件下发至各主要司令部与作战部队。

5 月,"珊瑚海"号航空母舰完成 SCB-110 计划的改建工作,其中包括了斜角甲板。

8 月 9 日,海军航空安全中心指挥官向海军作战部长提交了一份报告,即"海军航空标准",该报告为 NATOPS(海军航空训练与作战规程标准化项目)的颁布奠定了基础。

## 1961 年

6 月,海军训练设备中心出版发布了《飞行改进手册》。

7 月 10 日,首套 NATOPS 手册出版,该手册针对的是 HSS-1 机型。

12 月 14 日,飞行员着陆辅助电视(PLAT)系统在"珊瑚海"号航空母舰(CVA-43)上安装完毕,使得该航空母舰成为首艘拥有 PLAT 的舰艇。至 1963 年早期,所有攻击型航空母舰上都将安装 PLAT 系统,并开始着手计划在反潜航空母舰与海岸航空站上也安装 PLAT 系统。

## 1962 年

12 月 19 日,在"企业"号航空母舰上首次进行舰基前起落架弹射器的测试,首先进行的测试机型为 A-6 入侵者战机,之后是 E-2 鹰眼预警机。

## 1963 年

6 月 13 日,首次完成舰载机全自动着舰,此次着舰利用从舰艇上发出的信号完成舰载机的飞行控制与油门的自动操作。这次着舰的研发工作历时约 10 年，且在利用测试设备实施首次此类着舰后又历经 6 年后才最终完成。

8 月 18 日，在东大西洋与地中海作业的 6 架 A-4 天鹰攻击机坠毁。其中 3 架因在大雾中未能发现法国后备机场而坠毁在海岸边；1 架撞山；1 架在着舰时撞向停机坪；1 架在例行飞行过程中失联。

### 1966 年

5 月 1 日，海军器材司令部（原船坞局）正式成立，该司令部与海军航空系统司令部一起位列海军 6 大系统司令部之一。

### 1967 年

该年度，《医疗官通讯》创刊，该刊中的内容包括描述在特定飞行小时数内缺氧与水肺的危险。

5 月 15 日，海军作战部长下令在所有航空母舰上都成立一个机务中修部。

8 月 15 日，航空母舰安全审查小组召开首次会议。会议由海军上将詹姆斯·S. 拉塞尔（已退休）牵头，审查小组的任务是检查航空母舰上现实与潜在的火源与爆炸源，目的是最小化火灾与爆炸发生的频率与伤害，并进一步改善当前用于灭火与爆炸损管的相关设备与技术。

### 1968 年

3 月 28 日，机务维修责任官（AMDO/152x）社区成立。

5 月 3 日，海军安全中心成立。海军安全中心由海军航空安全中心与位于格罗顿市的潜艇安全中心合并而成，其任务也同时有所变化。同时期还成立了海军作战部长（安全事务）助理办公室。

## 1969 年

6月24日，使用 AN/SPN-42 ACLS 首次实现无人干涉下的舰载机阻拦着舰。

9月1日，海军航空后勤保障中心在帕塔克森特河市成立。

## 1970 年

7月21日，OPNAV 指令 4790.2 "海军机务维修计划" 颁布。

## 1971 年

3月，除 OP-05 外，海军作战部长又设立了 OP-02 与 OP-03。"海军作战副部长（主管航空）继承了旧 OP-03（主管航空作战与准备的海军作战副部长）的所有实施航空活动规划的科室"。

12月8日，太平洋舰队司令下令对舰载机航空母舰作业的整个发射与回收过程进行视频录像。

## 1972 年

5月4日，海军首个夜间着舰训练器（NCLT）在勒莫尔海军航空站建立，训练器所针对的机型为 A-7 攻击机。

## 1975 年

4月13日至15日，举办着舰性能会议。

5月5日，首批航空医学官课程在彭萨卡拉开课。

6月19至20日，举办失控/失速/离港方面的联合航空安全会议。

10月21日，OPNAV 指令 5102.1 "安全调查" 条令颁布。

## 1977 年

10月1日，海军航空后勤中心在帕塔克森特河市海军航空站投入使用。

### 1984 年

5月8日，首批航空供应徽章被授予海军中将尤金·A. 小格林斯特德、海军少将安德鲁·A. 佐丹奴，以及海军准将约翰·H. 鲁尔林。

### 1987 年

12月21日，根据戈德华特·尼克尔斯1986年国防部改组法案的要求，对海军作战部长办公室做出改变，海军作战副部长（主管航空作战）被任命为海军作战部长助理（主管航空作战）。

12月31日，由52个作战中队及超过400架飞机组成的海军航空预备队，历史上首次在整个日历年内没有发生一次重大飞行事故。

### 1991 年

9月27日，美国总统乔治·H. W. 布什发表电视讲话，宣布美国将单方面减少核武库，包括从海军舰艇上撤销所有战术核武器。总统下令从航空母舰与诸如巡逻机等的陆基海军军机上撤销海军空投核武器，并将此类武器入库存储或销毁。

11月12日，首个海军飞行训练维修保障活动处在科尔普斯·克里斯蒂海军航空站建立。

### 1992 年

7月22日，代理海军部长肖恩·奥基夫[①]与海军作战部长海军上将弗兰克·B. 凯尔索二世共同发起了一项针对OPNAV（海军作战部长）参谋部的彻底重组，此次重组将该参谋部向联合参谋部的方向转变。重组方案包括合并潜艇作战助理部长（OP-02）、水面舰艇作战助理部长

---

① 海军部长为文职人员。——译者注

（OP-03）、航空作战助理部长（OP-05）与海上作战助理部长（OP-07）合并成为一个参谋部，该参谋部由负责资源、作战需求与评估的DCNO（N8）（海军作战副部长）负责。航空作战助理部长（OP-05）被指派成为新的航空作战主任（N88）。

9月30日，大西洋舰队航空兵司令下属的4个功能性飞行联队——即大西洋直升机联队、大西洋巡逻机联队、大西洋攻击机联队与大西洋战术联队——在该年度进行的一次全面改革中被解散，东海岸海军航空行政管理机构中的整个指挥梯队被取消。

## 1993 年

1月1日，在运行近50年后，OP-05一职被正式下令撤销。在海军作战部长参谋部的重组过程中，海军作战副部长（主管航空，编号OP-05）一职变成了航空作战主任（编号N88），负责向海军作战副部长（主管资源、作战需求与评估，编号N8）报告。变更后的N88，其军衔由三星将官降为两星将官。

10月1日，位于佛罗里达州奥兰多市的海军训练系统中心变更为海军航空作战中心训练系统分部，但该部门的使命任务并未发生任何变化。

## 1994 年

12月20日，罗伯特·C. 奥斯本在家乡康涅狄格州索尔兹伯里市逝世，享年90岁。在超过51年的岁月里，他在期刊《海军航空兵新闻》上连续刊载漫画"老爷子佩蒂伯恩"。二战期间，奥斯本创作了关于"飞行员呆伯特"与"机械师恩伯伊尔"的海报与宣传册 Sense，其作品在整个舰队得到了广泛传播。

## 1995 年

10月1日，位于费城的海军航空供应办公室解散。在宾夕法尼亚州的费城梅卡尼克斯堡，即解散的海军航空供应办公室的原址上成立了海军库存控制点。新成立的海军库存控制点接管了供应办公室与船舶部件控制中心的任务与职责，后者也位于同一地点，也同样被解散了。

---

**1997 年**

11 月，改进型菲涅耳光学助降系统在马里兰州的帕塔克森特河市海军航空站完成了岸基的技术评估。之后，该系统被安装在了"乔治·华盛顿"号航空母舰（CVN73）上。

# 术 语 表

3M：也被称为 NAMP，意指海军机务维修方案（NAMP）。

Ab initio：拉丁文，意为从头开始。

ACLS：舰载机自动着舰系统。

ADF：自动测向仪。

AFB：空军基地。

AIMD：机务中修部。

AirLant：大西洋舰队航空司令。

Air group：配属于某一海军航空站或某一航空母舰上的、由不同机型的舰载机组成的航空作战单位，即现在的航空联队。

AirPac：太平洋舰队航空司令。

Air wing：之前被称为 Air group。

AMSO：航空医学安全官。

AQT：飞行资质测试。

ARF：航空电子设备修理设施。

ASW：反潜战。

Banshee：女妖，指麦克唐纳公司的 F2H 型女妖战斗机。

BASH：鸟击危害与兽击危害。

Bolter：逃逸，指着舰的舰载机未能钩住任何一根阻拦索导致着舰失败，此时飞行员将发动机推力推至最大重新升空，之后重新进入着舰模式。

BuAer：海军航空局。

BuSandA：供应与核算局。

CAA：民用航空局。CAA 是 FAA（美国联邦航空局）的前身机构，于 1958 年 11 月 1 日废除。

CCA：航空母舰控制进场。

Chocks：一种舰上停机区的木质轮挡，用于防止舰载机停泊时机轮滑动。

CNA：海军分析中心。

CNAF：海军航空兵司令部。

CNO：海军作战部长。

CRM：机组资源管理。

Cruise book：巡航记录册，一本讲述船舶及其船员在某次巡航期间或某次部署期间所发生事情的包含回忆与图片的书。

Cumshaw：来源自中文的一种表述方式，一件可与别人交易一件等价值或重要度相当的物件，或是给别人一个后续支付的含糊许诺。实际上，该词来源于19世纪的厦门方言，原意表示"感谢"，欧洲人借鉴去后意思发生了改变，意为"赏钱"，可能是当时的欧洲人给在厦门雇佣的人赏钱时，当时的厦门人会说句本地方言"感谢"，久而久之，欧洲人就将"赏钱"代替了"感谢"的原意。

CV：航空母舰。

CVA：攻击型航空母舰。

CVAN：攻击型航空母舰（核动力）。

CVB：重型航空母舰，应用于中途岛级航空母舰，该术语已不再使用。

CVN：核动力航空母舰。

CVS：反潜航空母舰。

DCNO：海军作战副部长。

DME：测距仪。

Downwind：与风向相反的航向。

Dustpan lights：簸箕灯，一种低亮度、带防护罩的灯，这种灯安装于航空母舰飞行甲板着舰区域的两边，提供一种微弱的照明。称为"簸箕灯"的原因是灯外的防护罩类似于一个倒置的簸箕。

FAA：联邦航空局。刚成立时是一个独立的联邦航空机构，但在1967年4月1日被重新安排为联邦航空局，并成为运输部下的一个机构。

FAGU：舰队航空射击分队。

FAR：飞行能力等级。有时也被用于表示"联邦航空条例（Federal Air Regulations）"。

FASRON：舰队机务保障中队。

FCLP：航空母舰着舰训练。

Flatley Report：弗拉特利报告，一份写给CNO的共计64页的信，信中提了9项单独的结论，并建议由一名海军将官牵头成立一个委员会，由该委员会对海军航空安全项目的所有方面进行一次全面检查。

Flat pattern：一种舰载机着舰模式，具体见附录6。在飞机处于舰船正横150ft时开始进场，之后作一个180°下降转弯至舰船前方到达"cut"位置（一种由LSO发出的信号），此时飞机距离飞行甲板上方35~40ft，此时 LSO 获得控制权，并引导飞机着舰。Flat pattern 与使用镜面助降系统或菲涅耳透镜助降系统的 higher pattern 进场模式相对。

Flight Safety Foundation：飞行安全基金会，是一个1947年建立的非盈利国际组织，该组织可为航空与航天工业提供一种公平的、独立的专家级安全指导与安全方面的资源。

FLOLS：菲涅耳透镜助降装置。

Fresnel lens：菲涅尔透镜，该设备可形成大孔径、短聚集的光，用于指示着舰飞机的下滑路线，尤指航空母舰着舰。在早期应用中经常被称为"镜面"。

FRS：舰队阶梯飞行中队（该术语可与 RAG 交换使用）。

FUR：失效与不满意报告。

GCA：地面控制进场。

GroupⅠ：身体合格且年龄不超过42岁的海军飞行员。

HERAP：人为过失研究与分析项目。

HFACS：由国防部发布的人因分析与分类系统。

Hydroaeroplane：水上飞机的早期名称，现在称为 seaplane。

IBTU：教员基本训练分队。

IFLOLS：改进型菲涅耳透镜助降装置。

JBD：喷流偏向板。

JTTU：喷气式飞机机型转换训练分队。

Link Trainer：最初时是指由爱德华·林克研发的飞行模拟器，现在已成为飞行模拟器的通用词汇。

Low-frequency range：低频波段，一种基于低频无线发射器的导航系统。

LSO：着舰信号指挥官，飞机着舰时 LSO 位于舰艉或着舰跑道末端监视，并在必要时引导着舰中的飞行员。LSO 处于此处位置的原因是如果 LSO 发出信号的话，便于着舰中的飞行员能够看到 LSO 的信号。

MCAS：海军陆战队航空站。

Mirror：参见 Fresnel lens。

Mishap：即事故，国防部优先选用该词来表示事故而不是"accident"。

NACA：美国国家航空咨询委员会。在当时还是中校军衔的威廉莫菲特的大力敦促下，NACA 于1915年成立，并于1958年并入 NASA。威廉莫菲特长期担任海军航空局局长。

NAILC：海军航空综合后勤保障中心。

NALCOMIS：海军航空后勤信息系统。

NAMP：海军机务维修方案。

NAS：海军航空站。

NASA：美国国家航空航天局。

NATOPS：海军航空训练与作战规程标准化项目。

NavAir：海军航空系统司令部。

*NavAirNews*：《海军航空新闻》的简称。

Naval aviation：海军航空兵，指海军、海军陆战队与海岸警卫队中航空力量的统称，包括各类固定翼飞机、螺旋桨飞机、喷气式飞机、倾斜翼飞机与旋转翼飞机，这些飞机可以是舰载型飞机、陆基型飞机与海上飞机中的任意一种。海军航空兵这一术语中的人员类别包括现役军官、士兵及其机构中的政府文职人员。

NavSup：海军供给系统司令部。

NavWeps：海军武器局。

"Navy Hymn"："海军赞美诗"，是一首于1860年由威廉怀特创作的军歌，通常在海军与海军陆战队作宗教祷告与葬礼上时使用。

NCLT：夜间着舰训练器。

NDB：无方向性信标。

Needle/Ball：参见 Turn and Bank indicator。

NTSB：国家运输安全委员会。

OFT：作战教练机。

OP-05：海军作战副部长（主管航空）或航空作战助理部长的官方代码。

OPNAV：海军作战部长办公室。

ORM：作战风险管理。

Paddles：拍子，一种俗称，即可指 LSO 手中引导进场飞机的信号旗，也可指 LSO 本身。实际上，Paddles 是 LSO 手中所持的信号旗，但由于这种信号旗只由 LSO 使用，所以就成了 LSO 的代称。

PAR：先进飞机再制造。

Part 121：美国联邦法规第14章第121部分，其中规定了商用航空有关法律法规。

PBL：基于性能的后勤。

Pitot-static：全静压系统，是几乎所有飞机上都有的一种系统，用于检测空速、垂直速度与高度，通常由皮托管与飞机其他部位上的静压口组成，其中皮托管安装在机翼前缘或机身等不受湍流影响的部位。该系统以一名18世纪的法国液压工程师亨利·皮托命名，

"皮托"即是"Pitot"的音译。

PLAT：飞行员着陆辅助电视系统。

RAG：阶梯训练飞行队。

SCB：军舰特性董事会，该董事会被授权对17艘二战期间的航空母舰与3艘中途岛级航空母舰进行升级改造，本书中介绍了几处主要的改造。

SSC：供应保障中心。

Sea-based：指能够搭载包括水上飞机在内的各类机型的航空母舰或其他舰船。

Self-cleared penetration：自行下降着陆，即飞机在仪表飞行条件下未经空管部门批准而擅自下降，是一种完全非法且极不明智的操作。例如，在一架飞行于浓密云层上空的飞机中，飞行员选择了一处他自认为云层中没有任何飞行物的空域（若云层中有其他飞行物，则存在相撞的风险），并从该空域中下降到下方的无云区域（若云层下方的此区域是一座山峰，则飞机可能会一头撞上去）。

SHEL Model：一种包括软件、硬件、环境、人件（指人类操作员）的人因分析模型。

Stable element：舰船上的一种陀螺系统，该系统可产生一种电子信号，舰上的雷达、舰炮指挥仪与光学着舰系统可利用该信号对舰船的横摇、纵摇、起伏进行补偿，以便减少舰船不稳定带来的位置误差，增加各类系统的精度。

Swiss-Cheese Model：瑞士奶酪模型。当把多片瑞士奶酪片叠加在一起时，奶酪片上的洞会连成一条通孔的线，形象地比喻有多个事故组成事故链条串在一起，最终导致了事故、事变或是程序异常，参见第11章。

Systems safety：一种风险管理策略，在对危险进行辨识与分析的基础上，基于系统的方法应用设计与补救性控制，建立一套风险管理策略。

TACAN：战术空中导航系统，用于商业飞机的导航，也用于舰载机对所属舰船进行定位与进场。

Tail chase：飞机排成单行队形，用于飞行训练。

Truck lights：桅顶信号灯，在船主桅上方的2个固定的小型红色灯。

Turn and Bank（有时也写作Turn and Slip）indicator：转弯侧滑仪，一种飞行姿态仪表，由一个气动或电动的陀螺仪与一个包含小球的弯曲玻璃管组成，其中陀螺仪指示了飞机转弯的方向，包含小球的弯曲玻璃管中装有液体，当飞机侧滑时小球可指示飞机是否发生侧滑。

VHF：甚高频。

VOR：甚高频全向信标。

Vultures' Row：航空母舰舰岛后方的一处开阔区域，用于监控舰载机的回收作业。

Wheelbook：随身手册，是一种体积较小的纸质笔记本，通常带有绿皮，能够塞进维修人员的后裤兜里。维修人员会将有价值的关于中队飞机技术状态与维修方面的信息记录在这个小本子上。

WST：武器系统训练器。

YE/YG：一种舰载定位归航设备。在围绕舰船的 360°方位上，该设备在每隔 30°的区域内播放某一字母的莫斯码，这样在 12 个区域内就有 12 种不同的字母莫斯码。这些用于标识区域的字母每天都要更换，有时一天换好几次。

# 关 于 作 者

罗伯特·F. 邓恩，美国海军中将（已退休），年轻时曾是"萨拉托加"号航空母舰上的一名海军飞行员，在战斗中担任过舰队飞行中队的指挥，后来成为海军安全中心的负责人，退休前的职位是负责航空作战的海军作战副部长。退休后担任 NASA 航空航天咨询专家组的副主席，并担任 GSA（美国总务管理局）蓝丝带小组（类似于我国的院士团队咨询小组）的主席，主要负责检测除国防部外政府所属飞机的安全性。

# 内容简介

飞行时间越长,安全风险越大。如何在提升海军航空兵战斗力的同时尽量减少飞行安全事故,是每名海军航空兵都要面临的问题。本书以该问题为牵引,以美国海军航空兵为对象,介绍了自20世纪50年代起至21世纪初这段时间以来,推动美国海军航空兵安全工作的技术创新与方法改进,内容涉及飞行人员训练、装备革新、人事改革、航空军医、机务维修、机组资源管理、虚拟飞行训练等各个方面。本书既不是那种编年体的记录飞行事故与历史事件的读物,也非一般性针对安全问题的研究报告或指导手册,而是一本介绍在美国海军航空兵的发展过程中,人们曾经面临过哪些影响飞行安全的问题,以及这些问题是如何被逐个解决的综合性、叙事性著作。

本书主要面向从事海军航空兵安全工作的人员,对于各级指战员、海军飞行员、航空军医、机务人员、场站保障人员等也有很强的指导作用。